中国美术院校新设计系列

新媒体UI设计

曹 意 编著

上海人民美術出版社

图书在版编目（CIP）数据

新媒体UI设计 / 曹意编著. —上海：上海人民美术出版社，2020.11（2022.1重印）
ISBN 978-7-5586-1785-0

Ⅰ.①新… Ⅱ.①曹… Ⅲ.①人机界面-视觉设计
Ⅳ.①TP311.1

中国版本图书馆CIP数据核字（2020）第179699号

本书受上海市应用型本科试点项目资助，由上海理工大学视觉传达设计专业执行撰写。

新媒体UI设计

编　　著：曹　意
统　　筹：姚宏翔
责任编辑：丁　雯
流程编辑：孙　铭
技术编辑：史　湧
出版发行：上海人民美術出版社
（地址：上海市闵行区号景路159弄A座7F　邮编：201101）
印　　刷：上海丽佳制版印刷有限公司
开　　本：889×1194　1/16　8.5印张
版　　次：2021年1月第1版
印　　次：2022年1月第2次
书　　号：ISBN 978-7-5586-1785-0
定　　价：68.00元

序言

“新媒体”是一个具有一定相对性的概念。在本书中我们所讨论的“新媒体”，是指以数字和网络技术为支撑，通过互联网、无线通信网等渠道，运用各类终端设备，向用户传播信息的新型媒体形式。

本书通过“理论基础”“方法训练”“欣赏表达”三部分内容，讲解新媒体界面设计的设计流程以及设计方法。

在第一部分中，作者希望通过基础理论与原则的讲解，使得读者能够掌握新媒体界面设计的设计要点并了解设计流程。其内容包含传统媒体与新媒体的区别、新媒体界面的表现形式、iOS界面的设计规范、移动媒体交互设计原则以及 APP 开发流程。

基于对基础理论与基本原则的讲解，本书在第二部分内容中设置了六项小课题训练的讲解，此六项课题是新媒体界面设计流程中的六个必经步骤。作者希望通过对主要设计环节的详细拆分训练，达到帮助读者充分掌握新媒体界面设计方法的目的。

在最后一部分“欣赏表达”中，作者将多年教学过程中的优秀案例进行筛选与梳理，为读者讲解案例从创意来源到实施完成的完整过程，意在让读者能够更加充分地了解界面中的设计细节，同时与读者分享实战过程中的设计经验。

目录

贰 方法训练

欣赏表达

媒体，西文称之为 Media，词源来自拉丁语 Medius，音译为媒介，意为两者之间。我们可以将媒体理解为传播信息的媒介，或者说是用于传达信息和获取信息的载体、工具、渠道、平台等。按这样的理解来看，我们也可将媒体的诞生追溯到人类文明的起源阶段。

第一部分从概念入手，让读者整体了解什么是新媒体，以及新媒体界面的设计内容与原则。

理论基础

第一节 传统媒体与新媒体

一、传统媒体

媒体，西文称之为Media，词源来自拉丁语Medius，音译为媒介，意为两者之间。资深媒体人陈俊良在《传播媒体策略》一书中这样定义媒体："媒体（Media）简单的定义即是信息载具（Vehicle）。凡是能把信息（Information）从一个地方传送到另一个地方的即可称之为媒体。"我们可以将媒体理解为传播信息的媒介，或者说是用于传达信息和获取信息的载体、工具、渠道、平台等。按这样的理解来看，我们也可将媒体的诞生追溯到人类文明的起源阶段。例如，文字、烽火台、飞鸽、旗语等都可以被称作是较为古老的媒体形式，如图1-1。在现代社会中，普遍公认的传统意义上的媒体有四类：电视、广播、报刊（报纸、期刊、杂志）、户外，如图1-2。

图1-1：烽火台

从媒体的起源到现代四大媒体形式的成熟，其发展轨迹都遵循了美国传播学家安德鲁·哈特（Andrew Hart）的三段论，即示现的媒介系统、再现的媒介系统以及机器媒介系统。示现的媒介系统被限定在人类的口语、表情、动作等非语言符号上，信息接收者也采用同样的符号，不需要额外设备的辅助。再现的媒介系统包括绘画、文字和印刷等，信息的生产和传播需要借助工具，但接收者不需要。机器媒介系统主要以四大媒体为主，信息生产者、传播者以及接收者都需要借助设备。

图1-2：传统媒体

二、新媒体

"新媒体"则是一个具有一定相对性的概念。在这里我们所讨论的"新媒体"是指以数字和网络技术为支撑，通过互联网、无线通信网等渠道，以及运用各类终端设备，向用户传播信息的新型媒体形式。联合国教科文组织对新媒体下的定义为"以数字技术为基础，以网络为载体进行信息传播的媒介"。随着信息技术（Information Technology，IT）的不断发展，个人电脑、智能手机、平板电脑等新型媒体终端和载体的出现，新的媒体形态也应运而生，如图1-3。数字电视、数字广播、数字报刊、移动电视、网络、手机彩信、触摸媒体等媒体形式都属于新媒体的范畴，如图1-4。我们可以将这些新兴的媒体形式理解为是传统媒体的数字升级化，它们在传统四大媒体的基础上被称作“第五媒体”。然而，我们也应该意识到，新媒体中“新”的概念是具有一定的时间限定性的，这是一种相对的新。

相较于传统媒体，新媒体具有传播范围广、保留时间长、数据量大、开放性强、交互体验度高、成本相对低、视听效果丰富等特点。如图1-3、1-5的智能手机与平板电脑（Pad），就是当下较为流行与常见的新兴载体工具。通过这种载体所传播的媒体内容有三种主流形式：通过智能移动设备进行传播的各类第三方应用程序（也就是我们通常所说的“APP”）、搭载于微信应用程序中的“小程序”和“公众号”，以及运用Html5技术发布的各类交互页面，如图1-6。这些形式能够集中反映新媒体具有触摸式操作、便携移动以及与工作生活无缝连接的强大特征，已经成为了在信息社会中快速普及的必备工具与媒体形式。

图1-3：智能手机　　图1-4：数字阅读　　图1-5：平板电脑

图1-6：Html5页面

第二节 新媒体界面的表现形式

从宽泛的概念去理解，收音机控制面板、汽车仪表、遥控器都属于界面的范畴，如图1-7。这些界面除了具备视觉展示的功能之外，还应当提供人与机器进行交互的方式。我们所定义的新媒体界面，从物质的形态上来看，通常是一块液晶显示屏，结合鼠标与键盘输入，又或是以触摸输入的方式来进行人机交互；从内容结构上来看，则是通过不同的技术手段，在有限的界面显示空间中实现多层次的变化和响应。

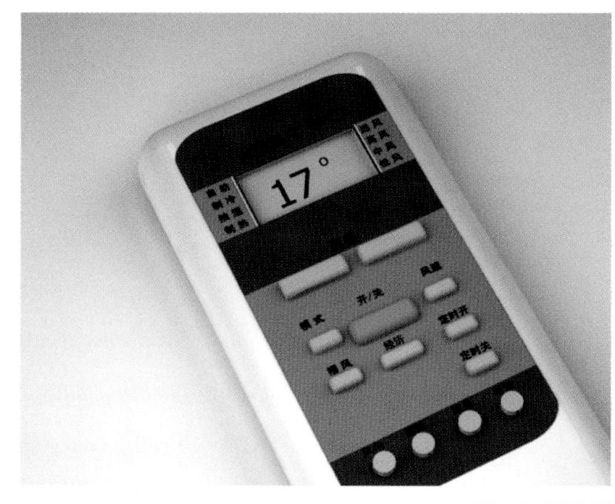

图1-7：遥控器

早期的人机交互方式主要是人通过键盘向计算机输入命令语言，计算机通过屏幕显示输出文字、图案、形状与色彩。但由于技术的限制，界面展示效果略显粗糙，如图1-8。

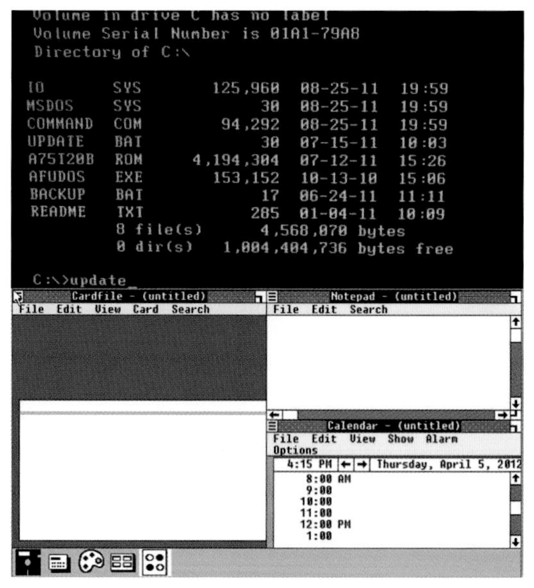

图1-8：DOS与Windows1.0界面

1963年，美国斯坦福研究院的道格拉斯·英格尔巴特（Douglas Engelbart）完成了世界上第一个鼠标的原型设计，并于1968年投入使用。正是由于输入设备所发生的变化，与之所相对应的重叠式窗口系统界面也应运而生。这样的操作方式可以被看作是对现实生活中，人用手进行选取和排列物品的模拟。经过各大IT公司常年的不断研发，形成了当下最主流的图形用户界面（Graphic User Interface，GUI），例如微软公司的Windows操作系统、苹果公司的OS操作系统等，如图1-9。GUI界面体现了“所见即所得”（What You See Is What You Get，WYSIWYG）的设计思想，就好像是将现实生活中的操作转移到了计算机屏幕中，相较于复杂的命令语言输入控制，这样的操作界面更容易被大众用户所接受，为个人计算机的普及奠定了基础。

在众多图形用户界面中，浏览器界面是较为重要的一类，也是艺术设计领域中经常涉及的设计对象。浏览器界面以超文本标记语言（Hypertext Markup Language，HTML）为基础，通过超文本传输协议（Hypertext Transfer Protocol，HTTP）连接不同网站的不同内容，实现网络互联。浏览器界面看似是一个平面的窗口，但实际的浏览内容是一个具有庞大纵深层级逻辑的关系网，不同的浏览者都可以根据自身的需求，从这个关系网中寻找到相关的内容，产生完全不同的浏览路径，这与传统的报刊书籍阅读方式有很大的区别，如图1-10。

从键盘、鼠标再到触摸输入，每一次输入方式的改变，都会对人机交互界面产生巨大的影响。随着各类移动式媒体的蓬勃发展，移动界面的视觉设计已受到广泛重视，其设计规范也在不断成熟。以智能手机为代表的移动媒体开始逐渐取代桌面电脑，成为人们进行日常互联网活动的主要载体，如图1-11。由于移动智能设备显示界面的尺寸限制，同时手指触控的精确度不如鼠标操作来得精准，对于此类界面的视觉设计要求相对更高，并逐渐形成了一套适用于移动媒体设备的界面设计规范与交互设计原则。

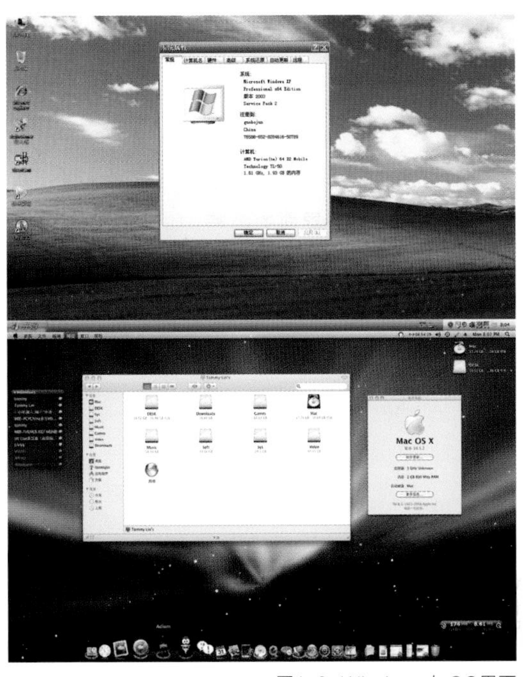
图1-9：Windows与OS界面

图1-11：智能手机

图1-10：网站界面

第三节 iOS界面设计规范

随着移动智能设备中应用程序（以下统称APP）设计需求的不断激增，在这里我们有针对性地选择苹果公司发布的iPhone设备作为传播介质来进行主要介绍，此设备的iOS操作系统具有广泛的传播度以及统一的开发设计规范。在开展设计活动的初期，我们首先需要了解的就是设计对象的界面尺寸和控件设计规范，只有这样才能保证设计出来的APP界面与控件符合传播硬件的开发要求。

一、界面尺寸

首先我们需要对机型的分辨率有所了解，这样才能更准确地完成设计内容。其中iPhone的界面尺寸有以下几种，分别为320×480px、640×960px、640×1136px、750×1334px和1242×2208px，如图1-12所示。不同分辨率的控件尺寸也不相同，为了保证同一界面在不同分辨率机型中的适配性，在设计样稿时我们通常会选用iPhone 6的尺寸（750×1334px、iPhone 6、iPhone 7、iPhone 8的界面分辨率相同，后文所涉及界面内像素尺寸规范的内容均基于750×1334px来进行设定）来作为界面的输出大小。在750×1334px的

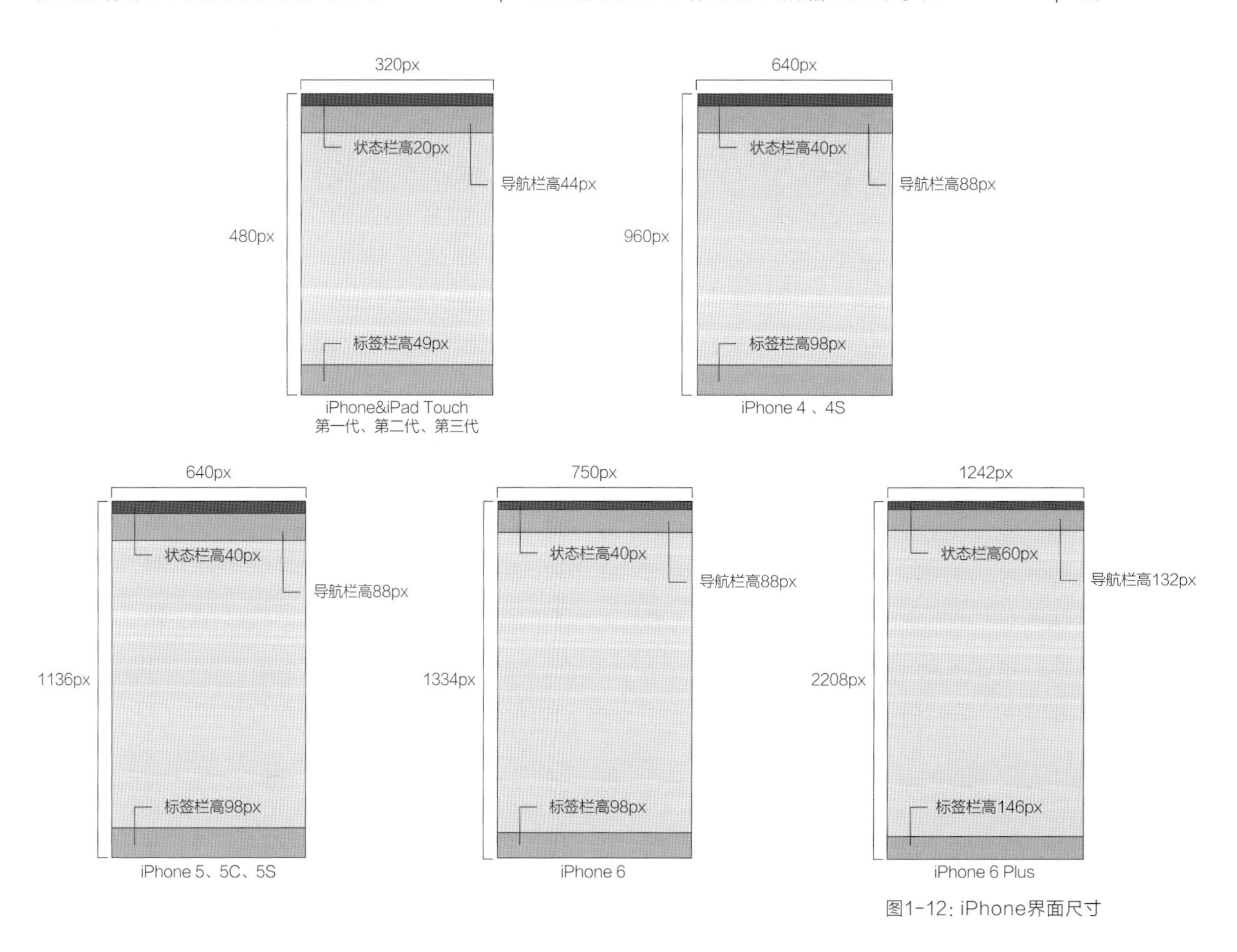

图1-12：iPhone界面尺寸

分辨率中，状态栏、导航栏和标签栏的高度尺寸如图1-12所示。状态栏高40px，导航栏高88px，标签栏高98px。

图 1-13 所列举的是 iOS 的图标输出尺寸规范。在设计 iOS 图标时，不仅要保证它在最大分辨率（1024×1024px）下具备足够的清晰度，还要确保其在最小分辨率（29×29px）下也能看清楚。

图1-13：IOS图标尺寸

二、控件规范

iOS界面的控件包含导航栏、搜索栏、筛选框、标签栏、工具栏、开关、弹出层、提示框以及交互手势等，这些控件都有固定的设计规范。

1. 导航栏

从iOS 7开始，iPhone的导航栏和状态栏通常会选择使用统一的颜色。在iPhone 6的设计尺寸规范中，它整体高度为128px。导航栏的标题大小为34px，如果以文字作为导航栏左右两侧的按键，则字号可以选择32px，如图1-14。

2. 搜索栏

搜索栏通常可以分为三种，顶部搜索栏、普通搜索栏和带按键搜索栏。搜索栏输入框的背景栏高度为88px，输入框高度为56px，输入框内文字字号大小为30px，如图1-15。

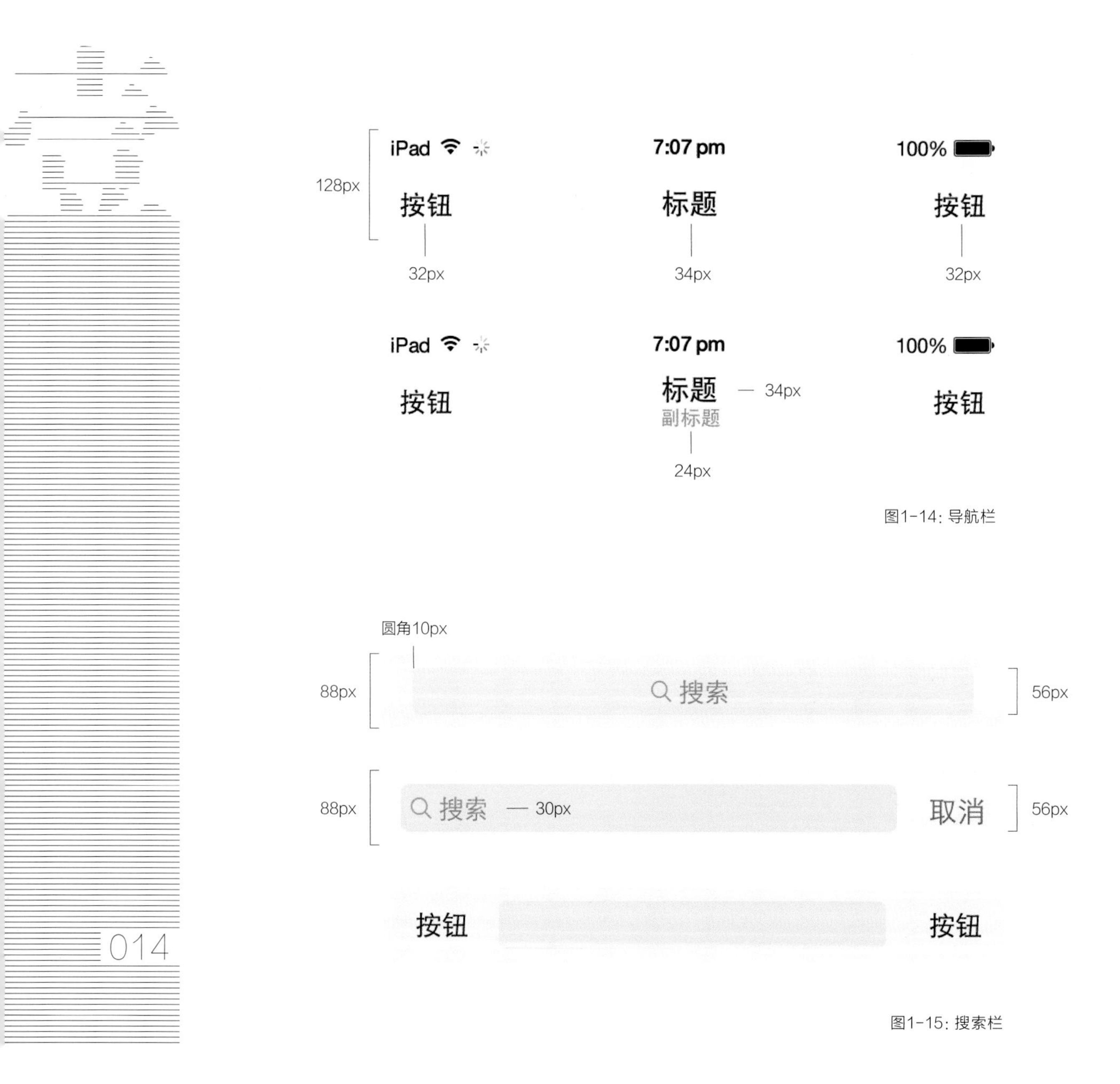

图1-14：导航栏

图1-15：搜索栏

3. 筛选框

筛选框的整体高度为88px，筛选按键的高度为58px，按键中文字字号大小为26px。筛选按键在默认情况下是白底效果，在选择后为填充色效果，如图1-16。

图1-16：筛选框

4. 标签栏

标签栏通常出现在首页中，用于主要页面之间的切换，切换的时候标签栏会始终在界面底部呈现。标签栏整体高度为98px，图标大小可根据不同的设计方式，设定为48×48px或者44×44px，底部按钮的文字字号大小可以为20px。为了确保点击的准确性，按钮的数量可以设置成4或5个，但一般不超过5个，如图1-17。

图1-17：标签栏

5. 工具栏

工具栏中的按键主要被用来对界面进行功能性的操作，如分享、收藏、删除等。工具栏整体高度为88px，按键可以以图形形式出现，也可以是文字。图形按键尺寸可以为44×44px，文字按键的字号可以为32px，工具栏通常出现在界面的顶部或底部，如图1-18。

图1-18：工具栏

6. 开关

在开关控制栏中，滑块通过左右滑动来控制功能的开与关。滑块滑到左边呈现白色底表示关，滑到右边呈现填充色底表示开，栏高为88px，开关滑块高度为62px，控制栏中的文字字号大小可以为34px，如图1-19。

图1-19：开关栏

7. 弹出层

弹出层通常是一种从界面底部由下向上滑入界面中、可供点击的菜单列表，多以半透明的悬浮形式出现。弹出层中每一列的高度可以为96px，列表中的文字字号大小可以为34px。如有警告性的文字出现在弹出层中，则可以使用标红的文字，如图1-20。

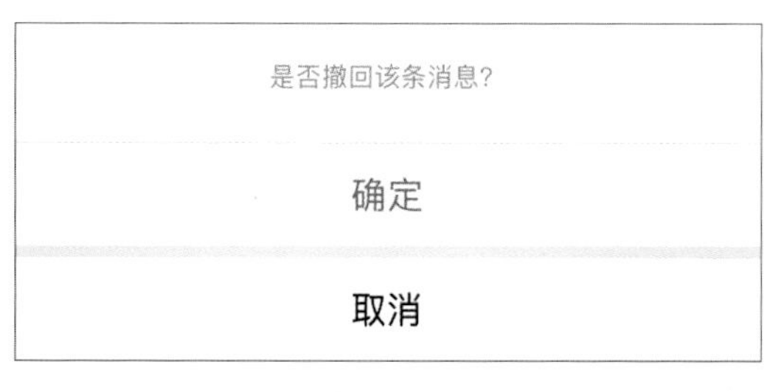

图1-20：弹出层

8. 提示框

提示框的宽度通常为540px，高度则可以根据设计需求进行配置。提示框的主标题字号大小可以为34px，副标题字号大小为26px，提示框中按键的高度为88px，按键中的文字字号大小可以为34px。提示框通常被用于触发重要的警告和提醒，如图1-21。

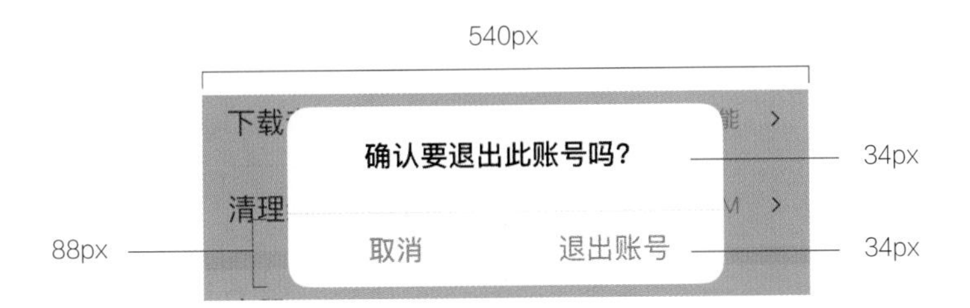

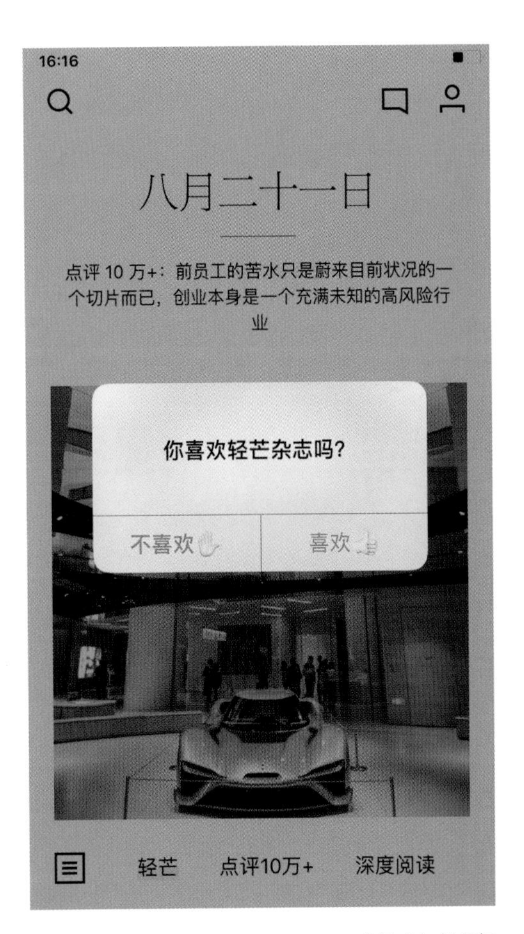

图1-21：提示框

9. 交互手势

智能移动设备通常都拥有一套独特的手势交互方式。这些手势能够在很大程度上简化操作步骤，方便用户掌握应用的使用方法，所以智能移动设备越来越受到各类用户的青睐。iPhone的手势交互方式主要有以下几种：点击、长按、滑动、捏合与撑开、旋转、拖拽、按压，如图1-22。

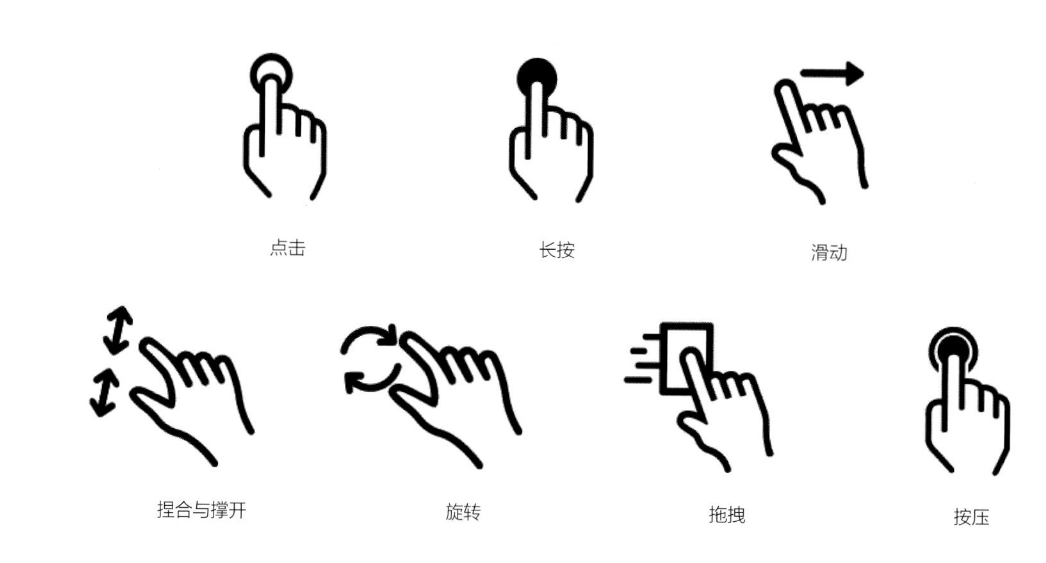

图1-22：交互手势

点击：点击通常用于选择控件或元素。

长按：长按可用于对文字放大显示或定位光标进行选取操作。

滑动：滑动是对页面进行左右切换或上下移动的操作。

捏合与撑开：捏合与撑开是运用双指同时对屏幕进行收拢与展开的动作，用于实现放大和缩小功能。

旋转：旋转则是使用双指将对象进行转动操作。

拖拽：拖拽是通过长按对象后，对控件进行的移动操作。

按压：通过多次的按压操作，可在指纹识别器中录入指纹。

第四节 移动媒体交互设计原则

谈到交互设计原则，我们不得不了解雅各布·尼尔森（Jakob Nielsen）所提出的十大可用性交互设计原则。雅各布·尼尔森毕业于哥本哈根的丹麦技术大学，是人机交互专业的博士，他拥有79项美国专利，专利主要涉及让互联网更容易使用的方法。在2000年6月，尼尔森入选了斯堪的纳维亚互动媒体名人堂。2006年4月，他被纳入美国计算机学会人机交互学院，并被赋予人机交互实践的终身成就奖。他还被《纽约时报》称为"Web易用性大师"，被《互联网杂志》（Internet Magazine）称为"易用之王"。

原则一：状态可见原则（Visibility of system status）

我们所设计的交互界面应该让用户时刻清楚当前发生了什么事情，也就是快速地让用户了解自己处于何种状态，对过去发生、当前目标以及未来去向有所了解，一般的方法是在合适的时间给用户适当的反馈，防止用户在使用时出现错误。

如图1-23中今日头条的下拉刷新功能。今日头条页面的刷新功能使用的是下拉推荐新内容的交互方式，当用户下拉页面时，页面标签栏与内容区中间会出现"松开推荐"的文字提示，当我们松开页面后，则会出现"推荐中"的动态提示，加载完毕之后中间会出现一条"今日头条推荐引擎有n条更新"的文字提示。这一系列的提示就体现了我们所说的状态可见原则。

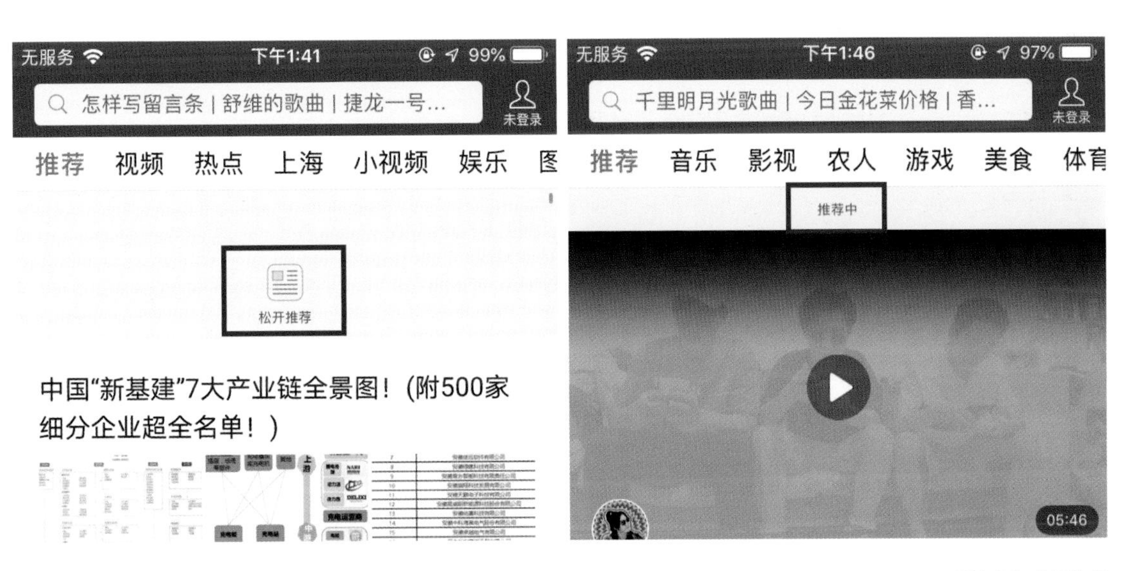

图1-23：今日头条

如图1-24，用户在喜马拉雅儿童中使用收藏功能。当用户点击收藏按钮之后，页面中间会出现一个“收藏成功”的提示，停留2秒之后消失，同时收藏按钮的图标也会转变为已收藏的样式。类似这种操作之后的提示也是状态可见原则的一种。

图1-24：喜马拉雅儿童

原则二：环境贴切原则（Match between system and the real world）

软件系统应该使用用户熟悉的语言、文字、语句，或者其他用户熟悉的概念，而非系统语言。软件中的信息应该尽量贴近真实世界，让信息更自然，逻辑上也更容易被用户理解。

如图1-25中计算器的软件界面设计。现在手机中的计算器软件设计界面，基本上与我们现实中所使用的计算器的样式差不多。在此图中我们可以看到，左边是我们现实中所使用的计算器，中间和右边依次为锤子手机和iPhone自带计算器软件的界面。这样的设计能让用户很快上手、易于操作，因为现实生活中用户已经很熟悉计算器的使用方法了，这就是环境贴切原则。

现实中的计算器

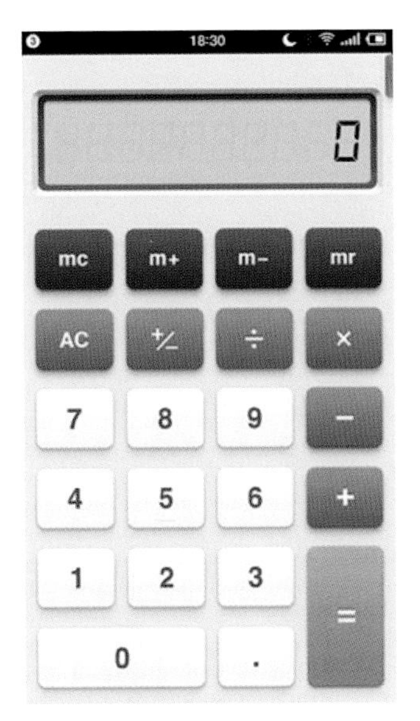

锤子手机的计算器

iPhone的计算器

图1-25：计算器

如图1-26中安卓系统下微博的中文版和国际版。微博中文版和国际版在内部页面风格、语言、结构布局以及交互方式上都有所不同。考虑到国外用户的使用习惯，微博国际版的语言默认为英文，用户也可以根据需求在设置中调整其他语言版本。在界面的布局设计上，与国际版相比，微博中文版的首页与微信朋友圈的九宫格样式更为贴近，更符合国内用户的认知习惯。这就是环境贴切原则。

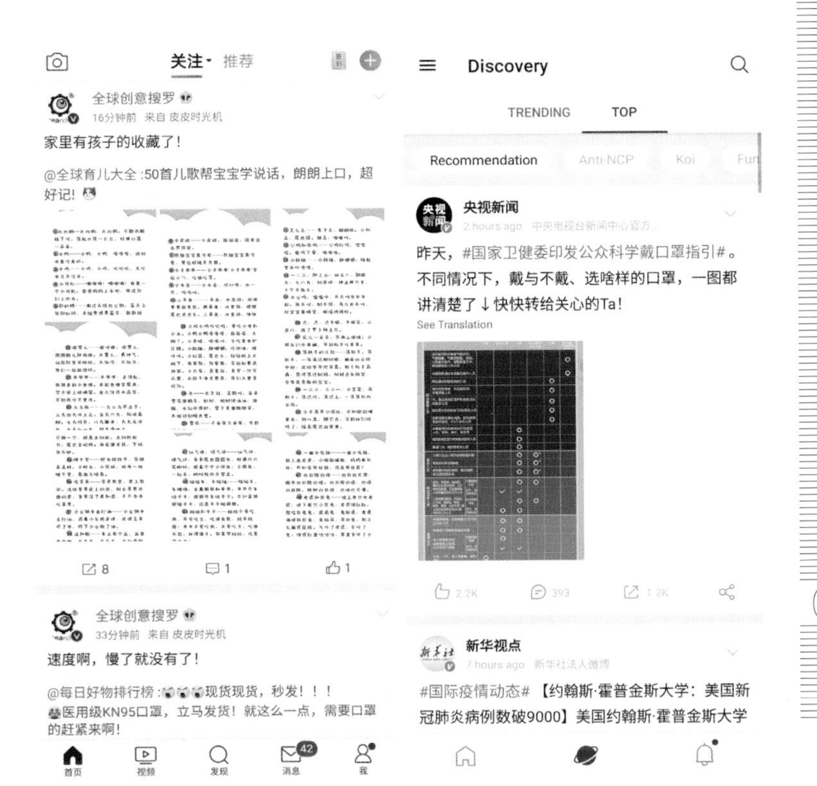

新浪微博中文版首页　　新浪微博国际版首页

图1-26：微博

原则三：用户可控原则（User control and freedom）

用户在使用APP的过程中往往会误触到某些其他功能，因此我们应该增强用户对功能的可控性。这种情况下，我们应该把“紧急出口”按钮做得更加明显。例如用户在发送一条消息后，总会有忽然意识到自己出错的情况，这个叫作临界效应，所以我们在设计界面功能时应该注重支持撤销与重新编辑的功能。

如图1-27所示，微信在新版本的聊天中加入撤回功能。用户在聊天过程中发布一条消息或者表情，突然觉得不合适，于是可以在长按这条消息或者表情后，在出现的选择框中选择撤回，然后重新编辑发送，以此来避免因一时思考不周而错发消息可能给对方或者自己造成困扰的情况，这就是用户可控原则。

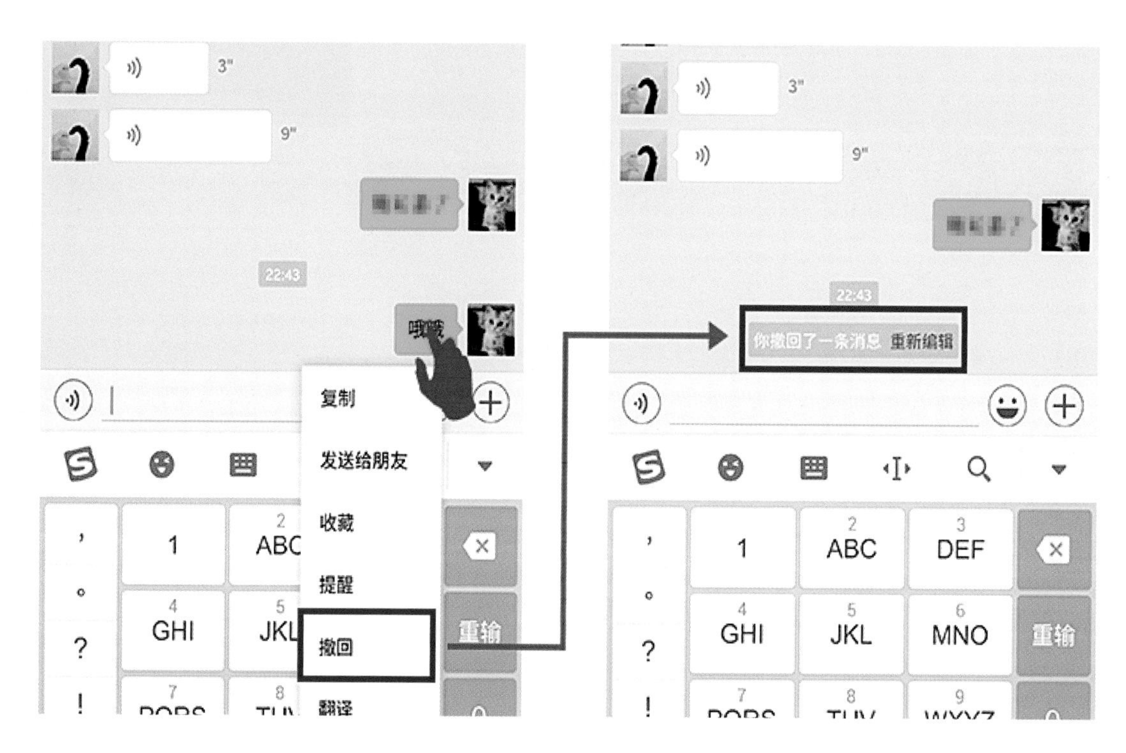

图1-27：微信

如图1-28百度网盘中删除文件之后的还原功能。在使用百度网盘时，我们会对文件做一些操作，比如文件的删除。当用户在百度网盘中删除一个文件的时候，界面中间会出现一个提示框，提示用户是否确定删除此文件。当用户把文件删除至回收站后，界面底部会出现“还原”的按键，这也是用户可控原则的体现。

图1-28：百度网盘

如图1-29中今日头条的推荐栏目，在推荐内容的右下角有一个叉形按键，点击这个按键后你就可以通过选项的选择来告诉后台你对于这条推荐内容的感受，是不感兴趣还是希望屏蔽等，页面顶部会在用户选择后出现“将减少类似内容，登录后推荐更精准”的字样，此类用户可控方法可以为用户提供更多有效的内容推荐。

图1-29：今日头条

原则四：一致性与标准性原则（Consistency and standards）

对于用户来说，同样的文字、状态、按钮，都应该触发相同事件。因此设计需要遵从通用的平台惯例，对同一用语、功能、操作都保持设计统一。应用软件的一致性包括以下五个方面。

1. 结构一致性

相同层级功能需要保持一种类似的结构，新的结构变化可能会消耗用户更多的思考时间，规则统一的编排结构能减轻用户的思考负担。

通过图1-30我们不难发现，在不同的页面中，相同信息层级的内容始终都保持相同的编排方式。顶部被选中的标签按键以金色字和下划线与未选中标签进行区分。横幅广告（Banner）条下方的分类按键都以图标结合文字的形式出现。各分栏中的具体内容都包含了"栏目名称""主题图片""主题标题""详细说明"等内容，字体、字号、编排结构都保持完全一致。

图1-30：知乎

2. 色彩一致性

所有界面所使用的主色与辅助色应该是统一的，而不是随心所欲地更换不同的颜色。

如图1-31中IKEA宜家家居界面的颜色，界面图标颜色与界面主色均为宜家Logo中的品牌标准蓝，其中标签和需要强调的文字颜色都是该蓝色，同时配以品牌标准黄作为辅助色。界面中的其余文字信息和未选中图标都通过黑与灰来呈现，保持了很好的一致性，这就是色彩一致性原则。

图1-31：IKEA宜家家居

又如图1-32中喜马拉雅儿童的界面主色调呈现为黄色，其按键、图标、栏目背景色也都会相应地呈现为统一的黄色色调。

图1-32：喜马拉雅儿童

3. 操作一致性

这一原则能有效地在产品更新换代时，让用户仍然能保持对原产品的认知，以达到减小用户的学习成本的效果。

如图1-33微信读书所示，从排行榜的书籍封面页开始，到进入书籍详情介绍页，再到具体评论内容页，在这个过程中，返回上一级的按钮始终保持在界面的左上方。

图1-33：微信读书

又如图1-34凤凰新闻，不同界面都以相同的分屏形式将栏目或是用户控件与正文内容进行左右分割，更多选项或是返回和撤销按键都保持在界面的左下角，以达到操作一致的效果。

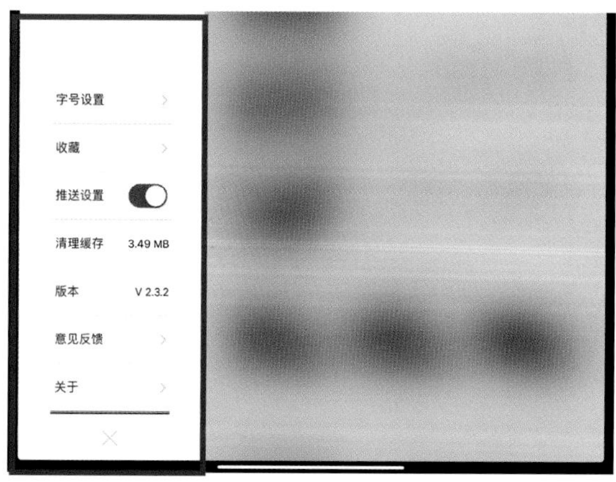

图1-34：凤凰新闻

4. 反馈一致性

用户在操作按钮控件或栏目列表时，点击的反馈效果应该是一致的。

图1-35是安卓版手机QQ信息列表的打开方式动效截图。界面中的信息都是列表式结构，无论用户点击哪一条列表信息，下一级界面都是由右向左滑入，点击界面左上角的返回按钮，则呈现从左往右滑回的效果，体验相当一致，这就是反馈一致性的体现。

图1-35：QQ

5. 文字一致性

产品界面中呈现给用户阅读的文字大小、样式、颜色、布局等都应该是一致的。

如图1-36华夏地理中所展示的不同栏目，不同内容的界面。在三个不尽相同的主要界面中，我们不难发现，页面中相同层级的字体大小、颜色、布局的样式始终保持高度一致，这让整个APP在视觉上呈现出非常强烈的整体统一感，这就是字体一致性。因此，我们在做视觉设计的时候，应当尽量使用相同风格的字体，避免同一界面中出现多种字体。

1-36：华夏地理

原则五：防错原则（Error prevention）

比一个优秀错误提醒弹窗更好的设计方式，是在这个错误发生之前就避免它。这样可以帮助用户排除一些容易出错的情况，或在用户提交之前给出一个确认的选项。在进行操作流程规划时，我们需要特别注意的是，在用户进行具有毁灭性效果操作步骤时应该要有提示，从而防止用户犯不可挽回的错误。

图1-37所展示的是某APP的登录界面。当用户进行登录时，在没有填写验证码前，界面底部的登录按钮呈现为灰色、不可点击的状态，只有当用户填写完手机号码与验证码之后，底部的登录按钮才会变为黄色的可点击状态，这就是防止用户在没有正确填写信息的情况下就点击了登录而导致出错。

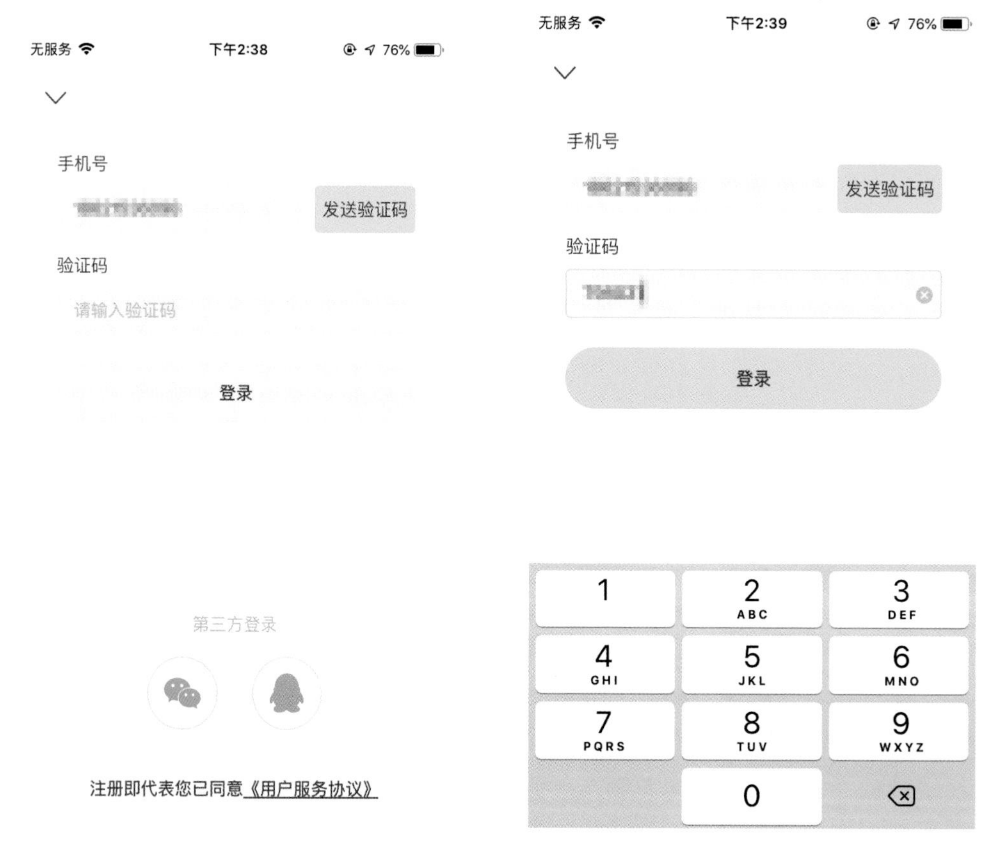

图1-37：APP登录界面

又如图1-38中所示，是当用户在使用微信发布朋友圈动态时，点击返回按钮后出现的提示弹窗。弹出框方式会增加不可逆操作的难度，当用户在对未完成内容进行编写，因为误操作想要退出当前编辑状态时，使用弹窗是个非常好的选择。因为这样的误操作会让之前辛苦编辑的内容无法找回，想要再次发布只能重新编辑，造成的损失相对较大。这就是防错原则的另外一种体现。

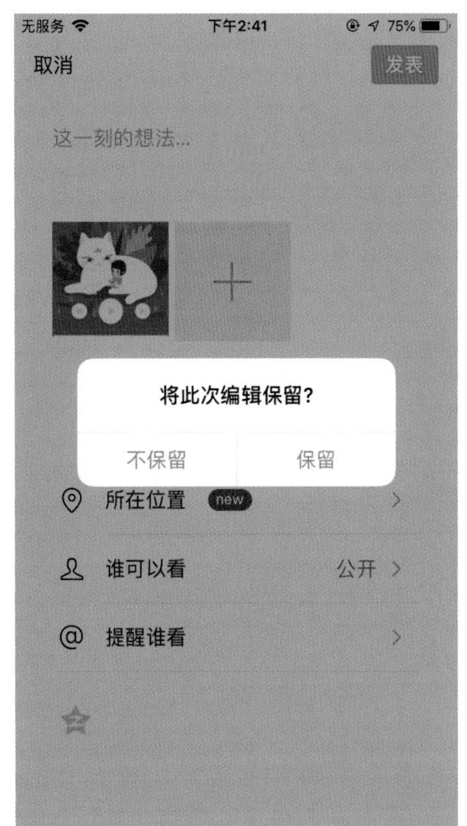

图1-38：微信朋友圈

原则六：识别胜于记忆原则（Recognition rather than recall）

通过把组件、按钮及选项可视化，用户的记忆负荷可被降低。用户不需要记住各个对话框中的信息，APP的使用指南应该是可见的，且在合适的时候可以被再次查看。

图1-39所示是百度网盘的删除文件操作界面。用一个类似垃圾桶的图标来标识删除功能，对于用户来说是有一定的认知负荷的，且用户对于点击“删除”之后造成的后果及影响也不得而知。因此，在进行删除操作后出现弹窗提示是很有必要的，此弹窗清楚地写明了删除之后的影响、更多增值服务的选项，弹出框的出现能够有效减少用户的记忆负荷。

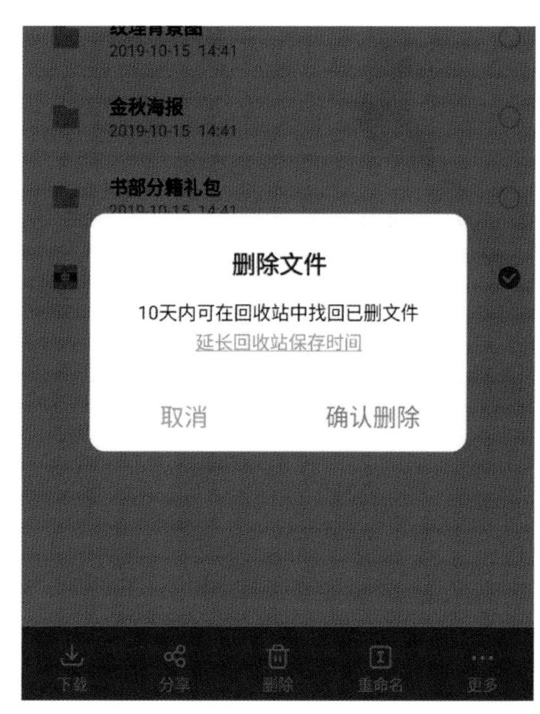

1-39：百度网盘

如图1-40中的软件新功能引导提示。大部分APP在应用更新完成后，当用户触发到某些新功能时，出现类似图形标注的提示框，这些提示会告诉用户新功能所处的地方以及新功能的作用。这种方法在很多APP中都会出现，这也是易取原则的一种体现。

图1-40：轻芒

原则七：灵活高效原则（Flexibility and efficiency of use）

我们需要设计灵活的机制，让系统可以同时满足有经验和无经验的用户，允许用户定制常用功能。

图1-41所示是今日头条中的编辑阅读频道功能。用户可以根据自身喜好添加或删除内容，还可根据感兴趣的程度进行功能排序，这样用户就可以根据个人兴趣定制适合自身的内容。这就叫作用户定制常用功能，是灵活高效原则的一种体现。

我的频道 点击进入频道 编辑

推荐 视频 热点 上海
小视频 娱乐 图片 懂车帝
体育 财经 房产 国际
科技 军事 健康 历史
值点 小说

频道推荐 点击添加频道

＋数码 ＋手机 ＋NBA ＋游戏
＋育儿 ＋美食 ＋旅游 ＋家居
＋教育 ＋三农 ＋星座 ＋影视
＋乒乓 ＋彩票 ＋音乐 ＋搞笑

我的频道 拖拽可以排序 完成

推荐 视频 热点 上海
小视频 娱乐 图片 懂车帝
体育 财经 房产 国际
科技 军事 健康 历史
值点 小说

频道推荐 点击添加频道

＋数码 ＋手机 ＋NBA ＋游戏
＋育儿 ＋美食 ＋旅游 ＋家居
＋教育 ＋三农 ＋星座 ＋影视
＋乒乓 ＋彩票 ＋音乐 ＋搞笑

图1-41：今日头条

如图1-42，在微信默认表情包的操作界面中，有一个“最近使用”的模块。这个功能是把个人平时使用频率较多的表情按先后顺序进行单独罗列，当用户需要使用的时候，就能够快速地找到自己喜欢或者常用的表情，大大提高了输入效率和用户体验感。这也是灵活高效原则的体现。

图1-42：微信

原则八：优美且简约原则（Aesthetic and minimalist design）

应该去除与界面中的内容不相关的信息或几乎不需要的信息。任何不相关的信息都会让原本重要的信息更难被用户察觉。

图1-43是苹果手机iOS 13的操作系统。界面设计简洁，信息传达清晰。相较苹果手机以往的系统，新系统原生APP中的标题都采用更大字体，标题和正文的字号区别更加明显。信息层级分布清晰，用户能够快速地找到自己需要的内容。

图1-43：iOS 13

图1-44为网易云音乐和QQ音乐的音乐播放界面，两者从视觉及功能布局上都做得十分出色。界面布局在视觉呈现上美观简约，在功能上主次分明、使用方便。

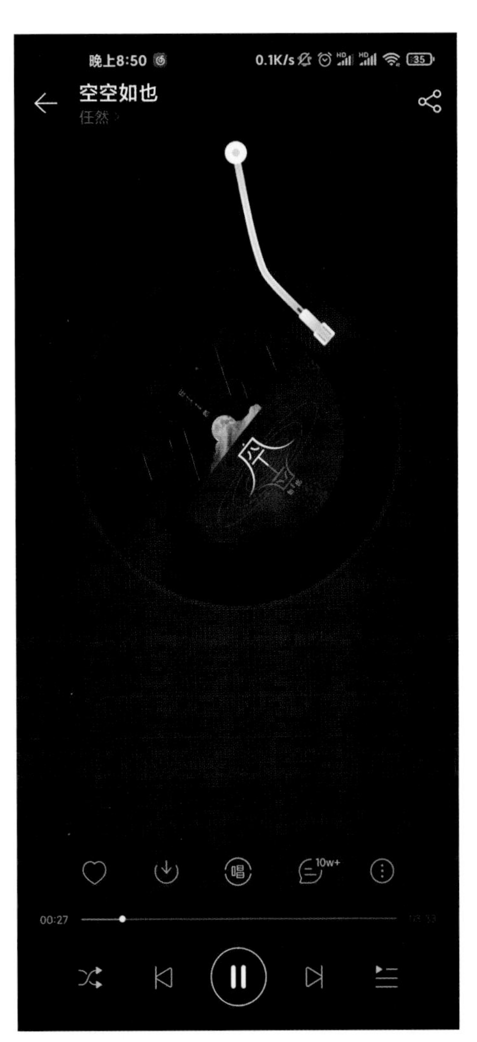

图1-44：网易云音乐、QQ音乐

原则九：容错原则（Help users recognize, diagnose, and recover from errors）

错误信息应该使用简洁的文字（不要使用代码）指出错误是什么，并给出解决建议，也就是界面需要在用户出错时为用户提供及时且正确的帮助，不仅要帮助用户识别出错误、分析出错误的原因，还要帮助用户回到正确的道路上。即使不能帮助用户从错误中恢复，也要尽量为用户提供降低损失的方法。

图1-45为163网易邮箱PC端的注册界面。当用户在163网易电脑端注册邮箱界面中输入的信息有误时，界面中不但会出现错误提示，还会给出相应的修改建议，帮助用户进行正确抉择。这样既能够避免用户出现更大的失误，还提高了注册的效率。这是一种相当好的用户体验，也是容错原则的一种体现。

图1-45：163网易邮箱

图1-46为小米商城登录页面的错误提示。用户在登录账号时，第一步需要输入手机号码，用户在输入错误的时候，输入下划线会变为橙色，并且在输入框下方出现橙色的错误提示文案，如“手机号不合法”。这样的提示能够让用户清晰地知道信息输入有误以及错误的原因，帮助用户进行有效的更正，这也是容错原则的一种体现。

图1-46：小米商城

原则十：人性化帮助原则（Help and documentation）

我们应该为用户提供一份帮助文档。任何帮助的信息都应该可以方便地被搜索到，帮助信息应该以用户的需求为核心，列出相应的步骤，但文字不宜过多。

图1-47需要重点说明的是淘宝和知乎登录页面中的帮助入口。在用户可能易产生疑问的页面中，有必要提供相应的帮助入口，来解决用户在操作功能过程中遇到的问题；又或者是为用户提供反馈问题的入口，避免让用户在出现问题时手足无措，不知如何解决。

图1-47：淘宝、知乎

如图1-48所示，当用户在豆瓣的登录页面中进行登录操作却无法收到验证码时，用户就可以在登录按键的下方找到相应的“收不到验证码？”按钮，来查看无法收到验证码的原因。另外，在设置菜单的帮助与反馈选项中，还可以找到更多在使用过程中所遇到问题的解决方案，这也体现了帮助选项的必要性。所以，不管是什么样的产品都要给用户提供一个帮助入口，用来解决用户操作过程中遇到的问题。

图1-48：豆瓣

第五节 APP开发流程

当我们对交互原则有了一定的基本认知以后，就可以开始思考应该如何来进行具体的APP设计开发工作。我们需要具体了解APP的开发思维以及详细的开发工作流程，我们可以按从左往右、从下往上的阅读顺序来阅读图1-49。整张图表描述的是APP如何从概念到完成的完整过程，以及APP在开发过程中的每项具体环节。在这里，APP可以被我们理解为是一个虚拟的产品。

完成 / 具体（上）；概念 / 抽象（下）

环节	内容	人员
迭代	关注反馈/发现问题/优化创新/提高黏性	产品经理/创始人/交互设计/UI设计/程序员
测试	寻找bug/项目调试/修改沟通/用户体验	程序员/UI设计/交互设计/产品经理
开发	前端配合/后端开发/沟通交流	程序员/UI设计/交互设计
表面	界面视觉设计	UI设计/交互设计
框架	内容摆放/控件摆放/动态原型图	交互设计/UI设计
结构	功能组合/运作逻辑/流程图/静态原型图	交互设计/UI设计/产品经理
范围	功能规划/功能优先级/产品包含内容	产品经理/交互设计
战略	产品目标/用户群体/用户需求/市场分析/竞品分析	创始人/产品经理

图1-49：APP开发流程图

在战略层面，创始人与产品经理来制定产品开发的目的、预设期望目标，并对产品的使用者（也就是用户群体和市场需求）进行分析，同时对同类竞争产品进行调研，制定合理的产品设计策略。

在范围层面，产品经理将联合交互设计师对产品功能进行整体规划，对功能进行优先层级区分，还需对每一层级所包含的具体内容进行梳理。

在结构与框架层面，这两个环节通常是以交互设计师为主导，UI设计师进行辅助配合完成。他们将针对产品功能组合、运作逻辑、操作方式等内容进行产品的静态原型图设计（如图1-50），并搭建最初的产品操作流程图（如图1-51）。此后，交互设计师与UI设计师将同时对每个原型图内的功能、内容进行控件摆放，并尝试制作动态原型图。

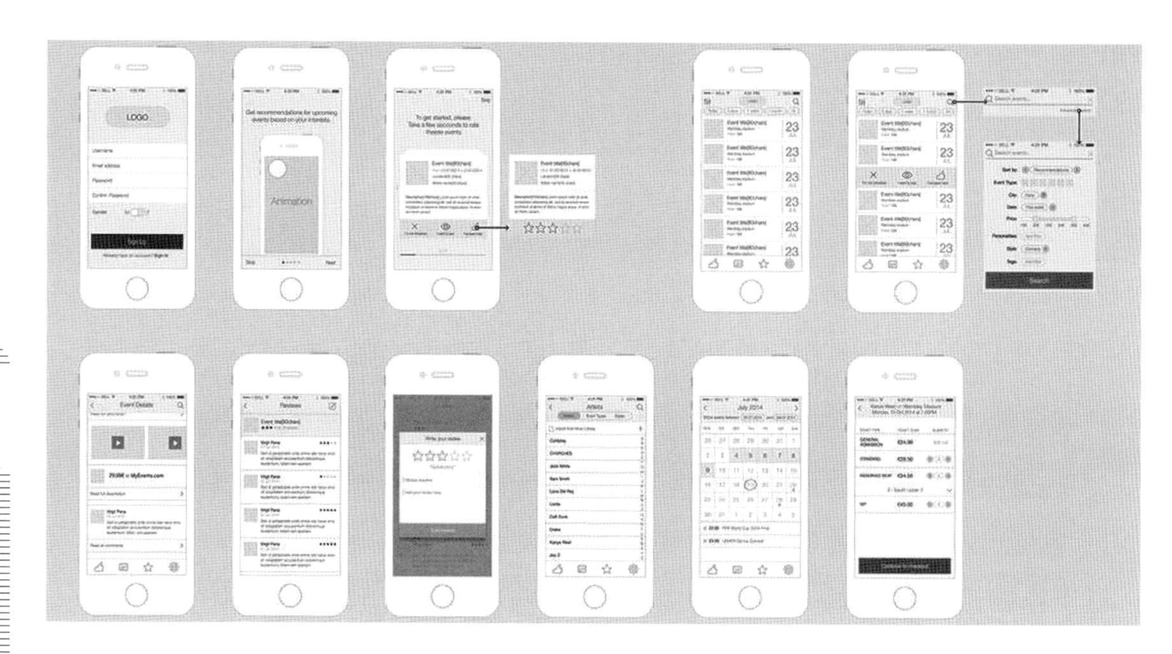

图1-50: 静态原型图

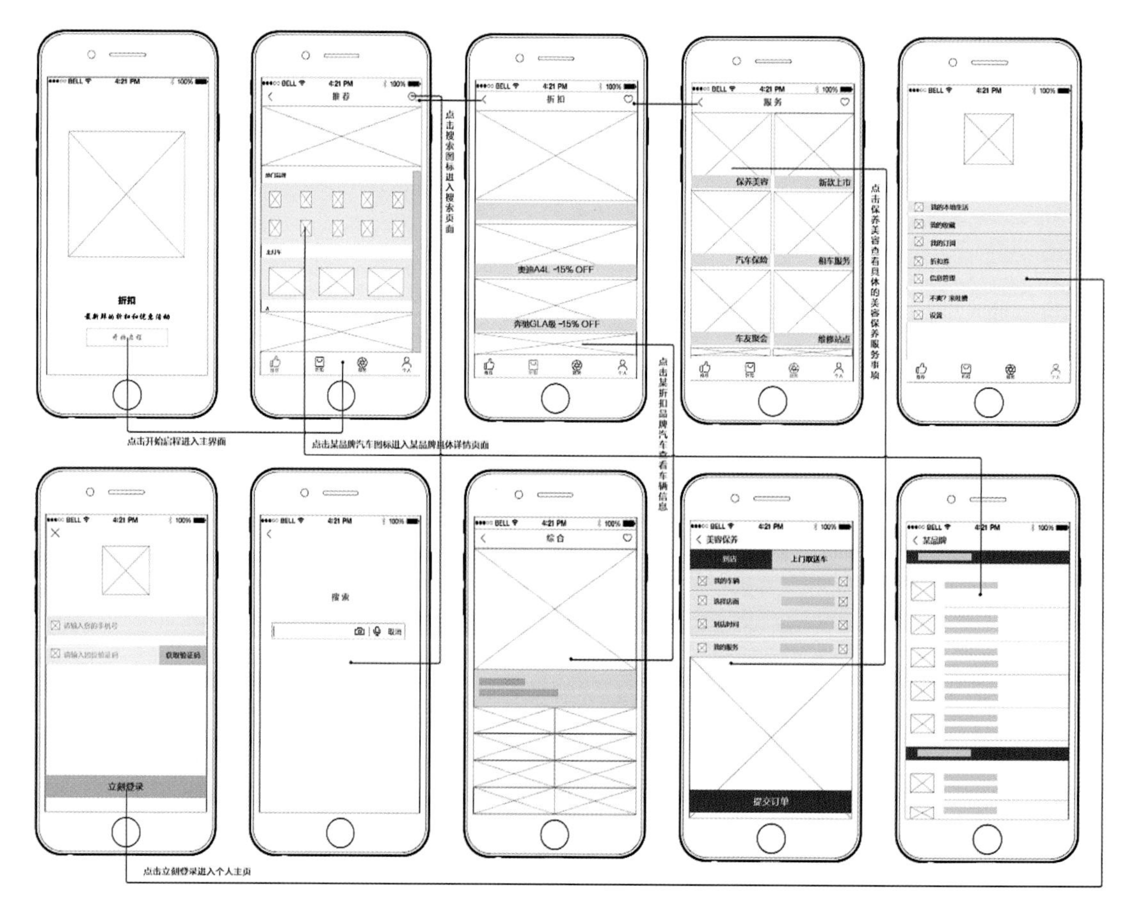

图1-51: 操作流程图

在表面层面，UI设计师将作为主导者对产品的界面进行整体的视觉设计，设计内容包括图标、控件、信息编排、色彩运用，等等。在此过程中，设计师已经可以使APP的最终视觉效果呈现。

在开发与测试层面，程序员将进行前端与后端的技术开发。在此过程中，程序员会经常与UI、交互设计师进行大量的沟通和交流，以确保技术支持能够满足产品在功能与视觉上的需求。程序在开发完成后，需要进入到最终的测试与上线阶段，在测试过程中各方人员会针对产品中的各项功能进行反复体验，寻找开发过程中遗留的漏洞（Bug），并进行调试与错误修正，以确保达到最良好的用户体验度。

在迭代层面，此环节是APP产品最重要的环节之一。各方人员通过收集用户反馈，来了解产品所存在的不足和市场动向变化，对产品进行有针对性的不断更新迭代。这样做除了能够很好地加强老用户的黏性，同时还可以吸引更多新用户加入。更新迭代可以是对小问题的修复，也可能是对产品功能的大幅提升或删减，总之，不断地优化与创新是在竞争激烈的市场中不被淘汰的关键。

以上的各个层面是一个从概念到完成、从抽象到具体的过程。在这个过程中所有层面都是环环相扣、层层递进的，上一个层面的内容一定是建立在下一层的基础之上所制订出的设计方案，脱离任何一个环节，最终的产品都有可能出现各种问题，或者发生预期之外的状况。

我们不难发现，产品经理在各个环节中不断出现，其所应当具备的能力是最为全面的，需要以战略性的眼光对整个产品的发展方向与决策规划负责，需要有良好的沟通能力，做好协调各个环节工作人员的工作。产品经理还需要了解和熟知各个部门的工作内容，其中包括用户体验、界面设计、研发测试、运营维护，等等，并不断改进与提升产品的质量。如果你是这样一位团队的领袖，你就需要具备项目推进能力、团队管理能力、产品策划撰写能力、原型图设计能力、用户体验分析能力、用户研究分析能力，这些能力都是一个好的产品经理所应当具备的。

在后面的部分中，我们将通过具体的课题训练，针对结构、框架、表面这三个层面所涉及的具体设计内容进行更为详细的分析。

N
1

贰

第二部分将通过具体的训练课题，着重讲解新媒体界面设计的方法与训练内容，让读者了解课堂上的训练方法和课下的自由创作过程。本部分将新媒体界面设计的各个关键环节与步骤分解为六项课题训练，让读者能够全面深入地掌握新媒体界面设计的要点。

方法训练

训练一　功能规划与流程制定

设计案例： 学生可以以小组为单位自拟选题，选取相同类型APP的学生分为一组，每组3~4名学生。在小组讨论的过程中，每位学生各自针对一款APP进行应用功能上的规划，制定操作流程，构想操作过程中可能会涉及的交互动效。

相关知识点： 功能规划、流程图制作、主要的交互动效

训练目的： 1.从整体到细节的全局意识
2.理性的逻辑思维能力
3.页面功能切换的动态想象力
4.团队协作能力

训练要求： 1.能够合理地规划功能
2.具备制作流程图的能力
3.对交互效果有初步的了解
4.能够通过讨论激发创意，互相寻找设计流程中的问题并加以改进

训练时间： 课上讲解2课时，讨论与指导2课时，课后制作完善4课时

相关作业： 每个学生自选主题，完成一款APP的功能规划、操作流程图制作、交互方式构想。学生需要将所有的思考过程、草图、流程图完稿整理成PDF文件进行提交。

相关知识点

1. 功能规划

当我们在战略层面确定了APP开发的目的和预设目标后，我们最先需要做的就是站在使用者的角度，针对用户群体的使用习惯来进行整体的功能规划。这里所说的功能规划具体指的是规划我们可以通过哪些方式，来实现我们为这个APP预设的产品目标。例如，通过指引A点与B点之间的路线来实现导航的目标，通过浏览、选购、支付、配送的方式来实现足不出户就能购物的目标，通过短视频拍摄、发布、分享、评论等方式来实现互动娱乐的目标，等等。在这个过程中，我们需要训练学生以宏观角度，制定如何运用不同功能达到预设目标的方式。图2-1、2、3、4分别为购物类、求职类、导航类以及社交类APP的功能规划图。

图2-1、2-2、2-3、2-4所展示的是几种常用的制作功能规划图的方法。手绘草图能够快速记录想法，便于在多人头脑风暴时保存讨论过程；图表式功能规划图可以很好地通过横向轴与纵向轴来制定功能与页面之间的对应关系；树状功能规划图可以清晰地展现各功能层级之间的关系。几种方式各有所长，我们不限定学生必须使用哪种方式，有时也可以多种方式结合使用。

需要注意的是，学生通常会产生这样的误区，认为功能越多说明产品的可用性越丰富。然而恰恰相反，有时并不是越多越好。更多的功能会衍生出更繁杂的界面信息和更复杂的操作逻辑，这样反而会增加用户对新产品的学习成本。用户在使用过程中可能无法清楚掌握自己所处的层级位置，造成用户认为APP难以使用，从而导致用户放弃使用的结果。

所以我们在制定产品功能时必须做到取舍有道，以最简便、最有效的方式来实现目标。

一级导航	二级导航	三级导航	页面页
关于品牌	品牌视频		页面
	品牌故事		页面
	代理招募		页面
会员中心	体验报告		页面
	购物车		页面
	订单查询		页面
	积分商城	积分尊享	页面
		积分查询	页面
		积分兑换	页面
产品中心	明星产品		页面
	系列产品	1	页面
		2	页面
		3	页面
		4	页面
		5	页面
		6	页面
活动	线上活动	主题活动	页面
		品牌活动	页面
	线下活动	往期活动	页面
		活动预告	页面
封测反馈			页面

图2-1：购物类APP功能规划图表

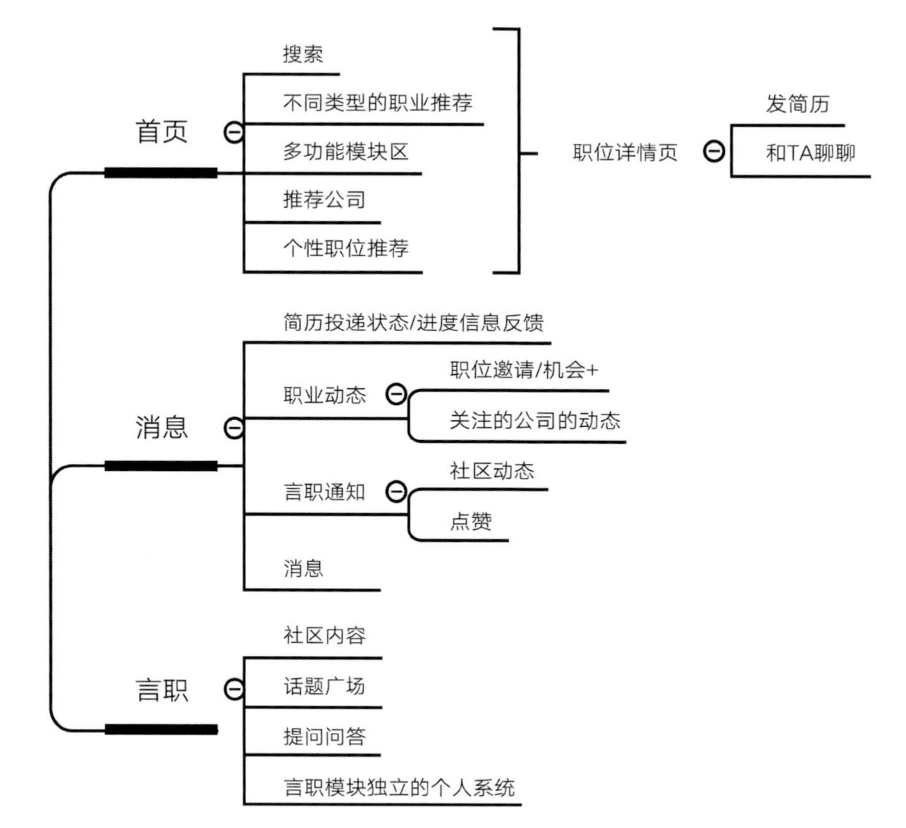

图2-2：求职类APP功能规划树状图

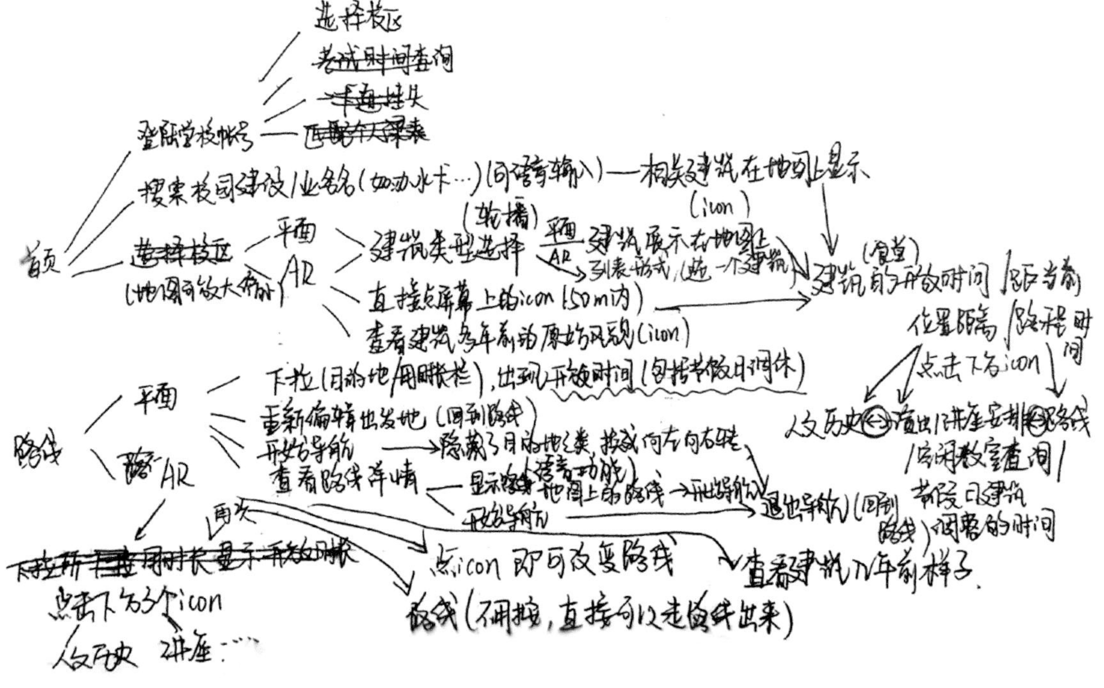

图2-3：导航类APP功能规划手绘图　朱安琪

版块	文件	页面	按钮（普通状态和按下状态）	按钮（未选中状态和选中后状态）	动态交互效果
首页	首页	1个页面	通知（包括新通知红点）	关注人	点击“写”时页面跳转的效果
			搜索	喜欢	加载图标动态
			首页	关注话题、参加话题	加载出新内容时的出现动画
			写		
			我的		
话题详情页	话题详情页	2个页面	参加		下拉图片变大
	用户自发话题详情页		分享		
			返回		
帖子详情页	帖子详情页	2个页面			
写	写	5个页面	话题	匿名	话题卡片可左右滑动
	写-创建话题		图片		
通知	通知	4个页面	设置	通知开关	设置小弹窗的弹出和收回动画
					新通知从上方出现时的动画
注册	注册登录	6个页面			
我的	我的	6个页面	添加		下拉头像变大
			编辑资料		
	设置	5个页面	退出按钮		

图2-4: 社交类APP功能规划图表

2. 流程制定

在明确产品功能后，我们需要着手思考通过怎样的操作步骤才能实现要求的各项功能。例如，通过APP底部标签栏中的不同按钮来实现功能的切换，通过导航栏中的返回按钮来实现回到上一个页面的功能，通过筛选按钮来实现对复杂信息的分类检索功能等。我们可以通过操作流程图的推演，来不断制定和调整实现这些功能的路径和方式。以最少且合理的操作步骤将功能实现是关键。这个过程需要学生具备一定的逻辑思维能力，需要具有足够的理性判断力来确定实现最终目标的步骤流程。

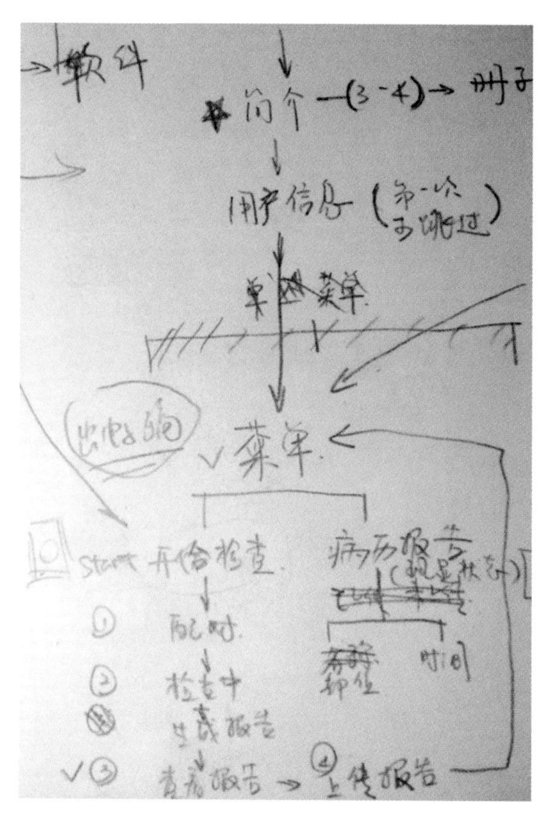

图2-5：手绘流程草图　李天奇

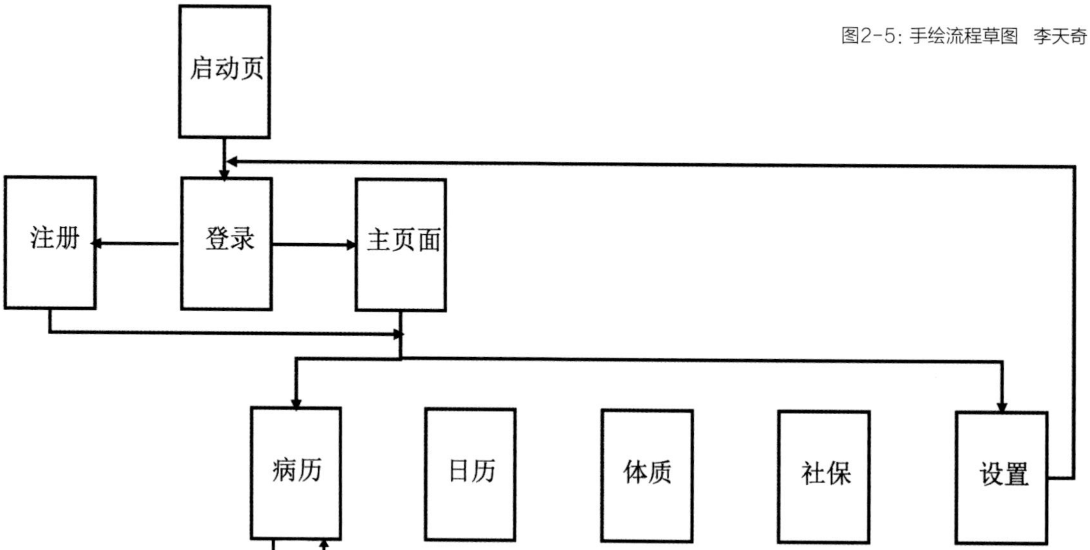

启动页
注册　登录　主页面
病历　日历　体质　社保　设置
匹配　检查　报告　备份

图2-6：主要界面操作流程图　李天奇

操作流程制定可以是针对APP中所有主要页面之间的运行步骤的规划，也可以是针对某项复杂功能的流程制定。如图2-5、2-6所展示的是学生手绘的流程草图以及主要页面之间的操作流程。针对某些具体功能的操作流程，我们会使用如图2-7这样带有具体操作节点说明与判断说明的图表来对操作过程进行描述。图2-8列举的是不同图形所代表不同操作节点的描述。

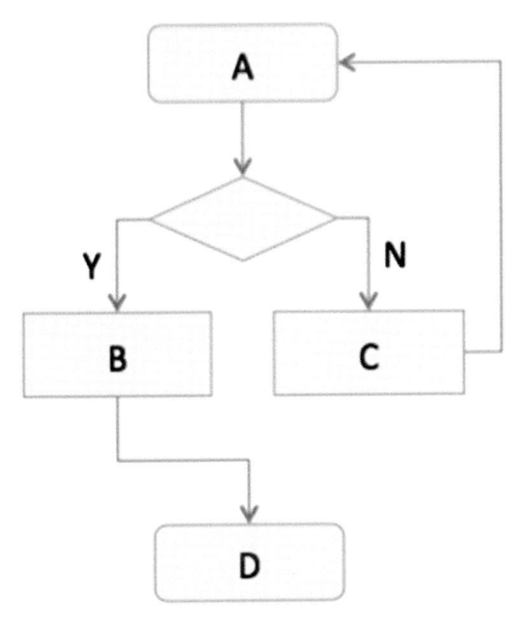

图2-7：流程节点图

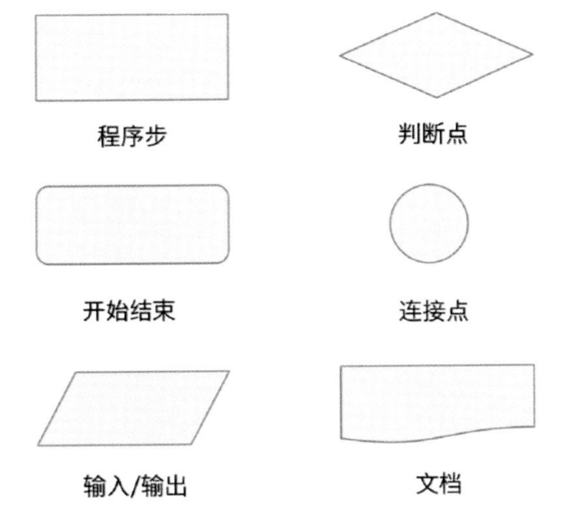

图2-8：节点描述图

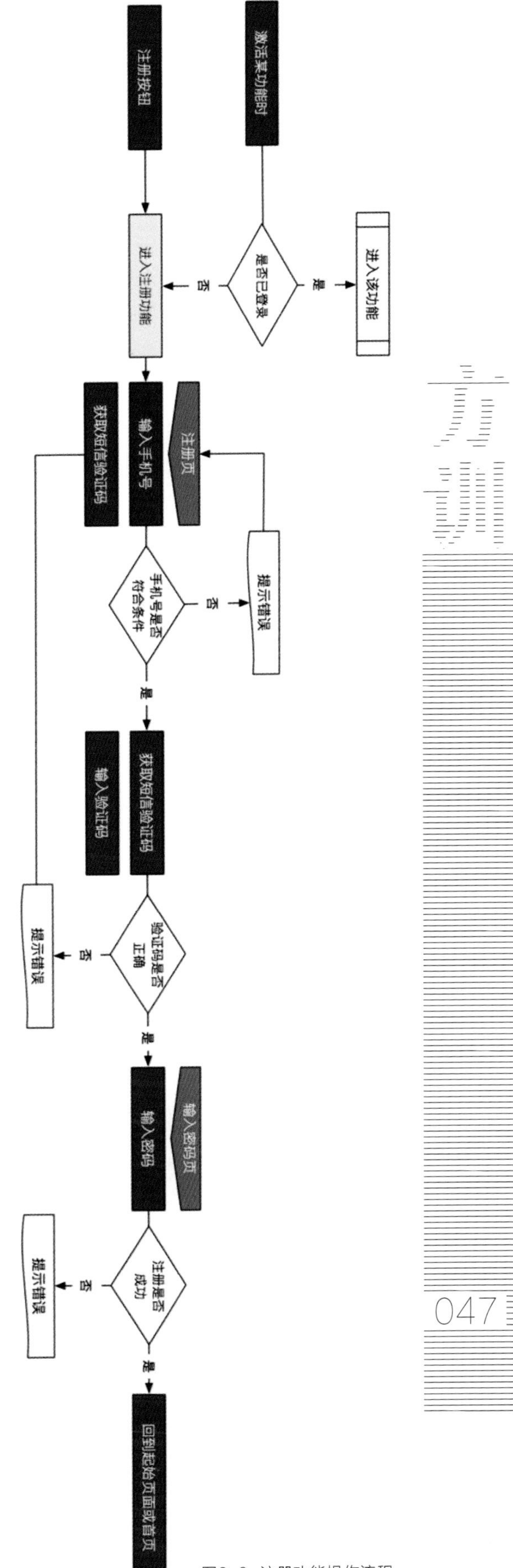

图2-9：注册功能操作流程

图2-9、2-10展示的是注册功能操作流程图。通过流程图我们不难发现，即使是一个看似简单的注册功能，其完整的运行逻辑也是相当复杂。所以在APP制作开发前，为了避免出现严重的流程错误，通过流程图的推演来模拟操作过程是非常有必要的。

3. 交互动效

依靠现有的技术，我们所能够实现的最主流的交互方式可以归纳为以下几种：滑动、缩放、遮罩、叠加、父级关系、视差、数值变动、偏移、延迟、克隆。我们会在训练六中具体介绍这些交互动效。

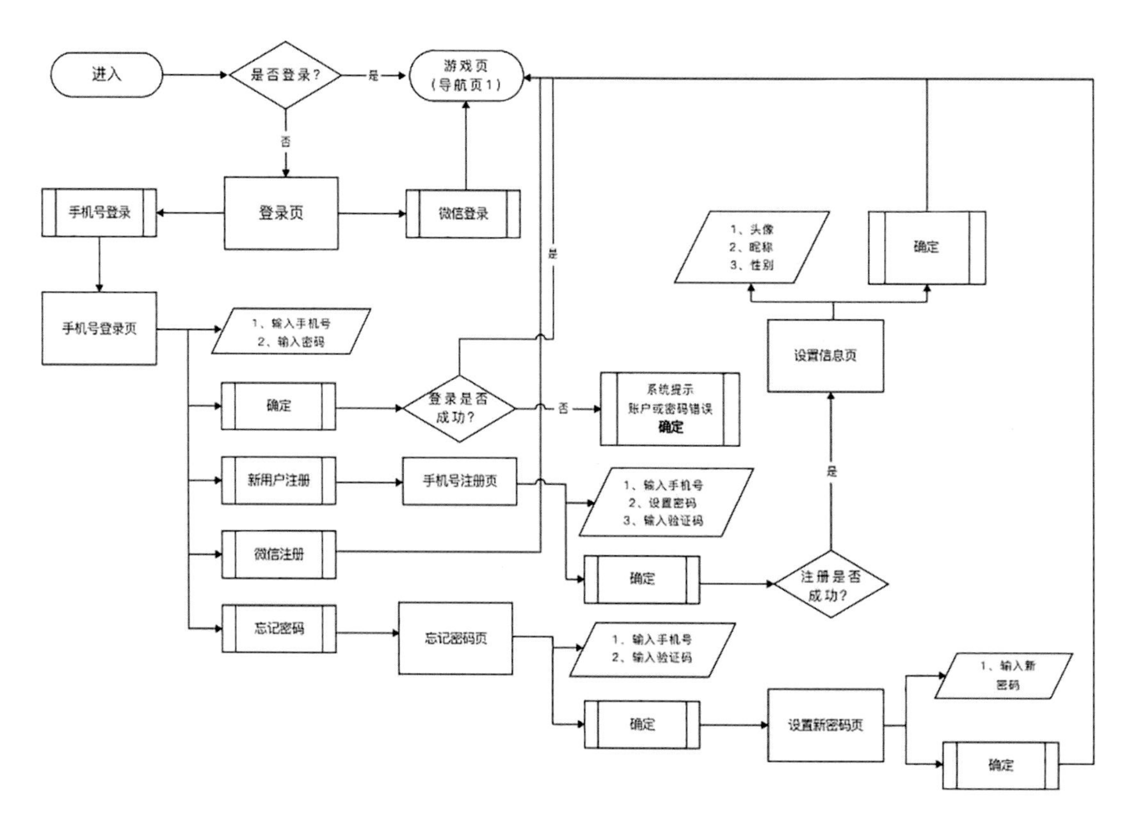

图2-10：注册功能操作流程

训练二 线框原型图制作

设计案例： 每位学生根据各自的选题进行APP主要界面的线框原型图绘制。线框原型图中应该包括有控制组件、图形文字、层级关联等内容的布局。除了绘制每个单一界面的线框原型图之外，学生还应该根据流程图的操作步骤，对每个界面的线框原型图进行操作步骤的链接。线框原型图需要在能够让人清晰了解界面内容的同时，还应能够反映出每个页面之间的互联关系。

相关知识点： 原型图的种类、线框原型图的制作

训练目的： 1.界面的整体布局意识

2.理性的逻辑思维能力

3.从流程图到原型图的转换

训练要求： 1.了解原型图的种类

2.具备绘制线框原型图的能力

3.能够将原型图按操作流程进行链接

训练时间： 课上讲解2课时，讨论与指导4课时，课后制作完善8课时

相关作业： 每位学生各自完成自选主题的APP线框原型图绘制，并以PDF格式进行提交。

相关知识点：

1. 原型图的种类

从视觉感官上来区分，原型图可分为低保真原型图和高保真原型图；从操作的形态上来看，原型图又可区分为静态原型图和动态原型图。除了演示视频或可以进行实际交互操作体验的原型图属于动态原型图之外，其他的原型图都属于静态原型图。手绘线框草图一般都是属于低保真原型图（图2-11、12），我们用软件绘制的线框图，根据绘制的精细程度，可归类为低保真原型图或高保真原型图（图2-13、14、15）。用平面设计软件制作的，能够基本还原产品最终实际视觉效果的原型图，我们可以将其称之为高保真原型图（图2-16）。

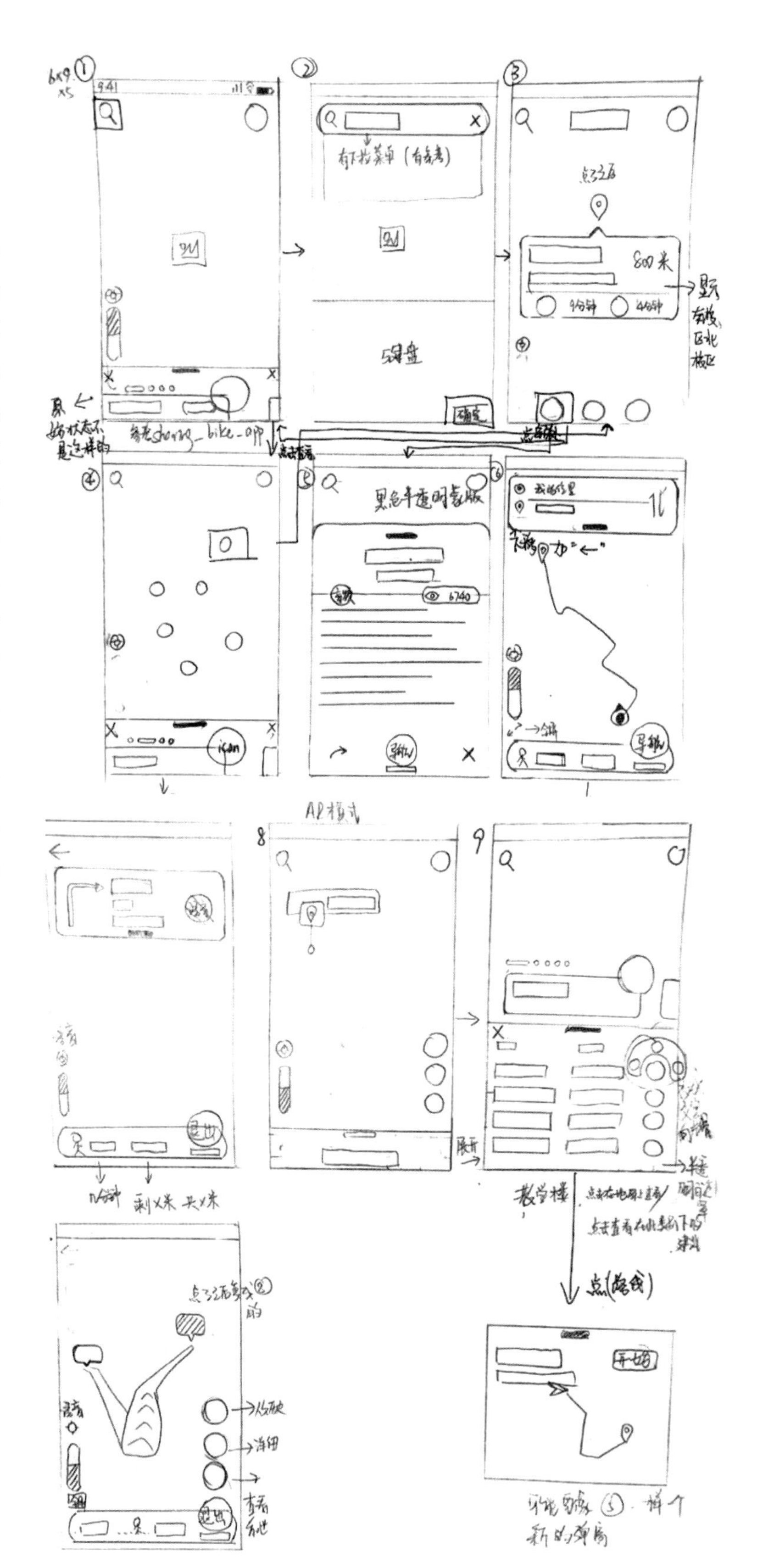

图2-11：@上理APP——手绘线框草图　朱安琪

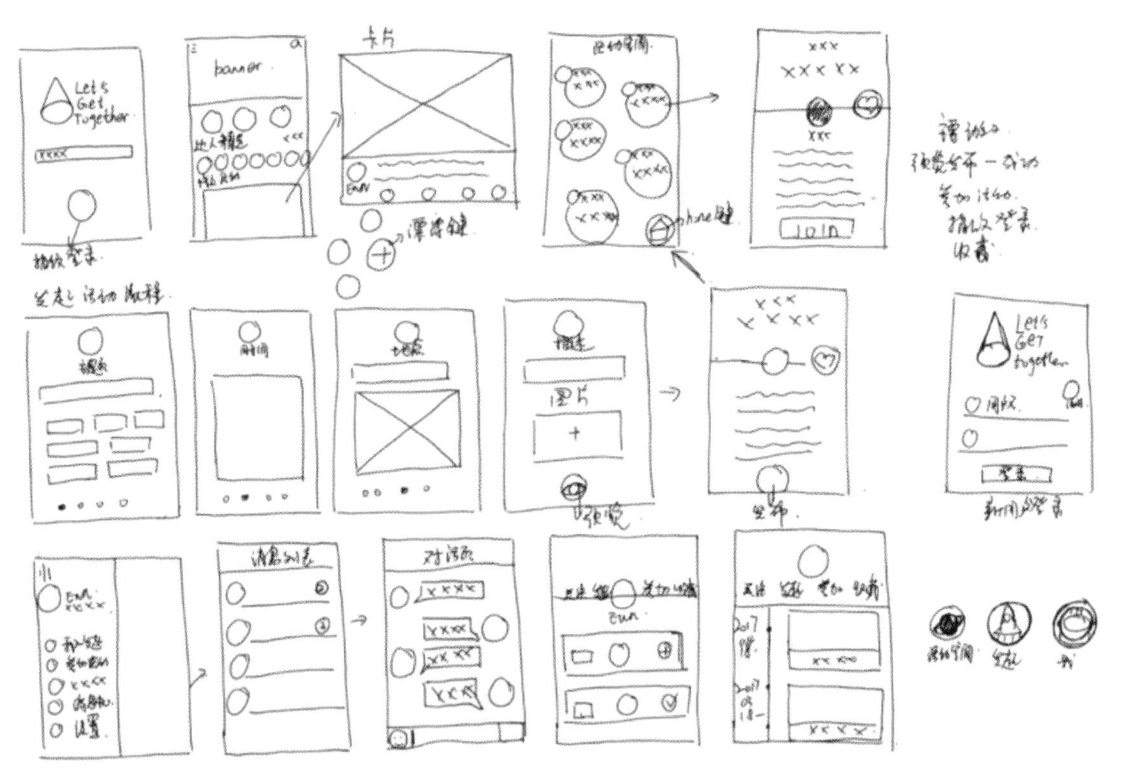

图2-12：兴趣匹配APP——手绘线框草图　周元

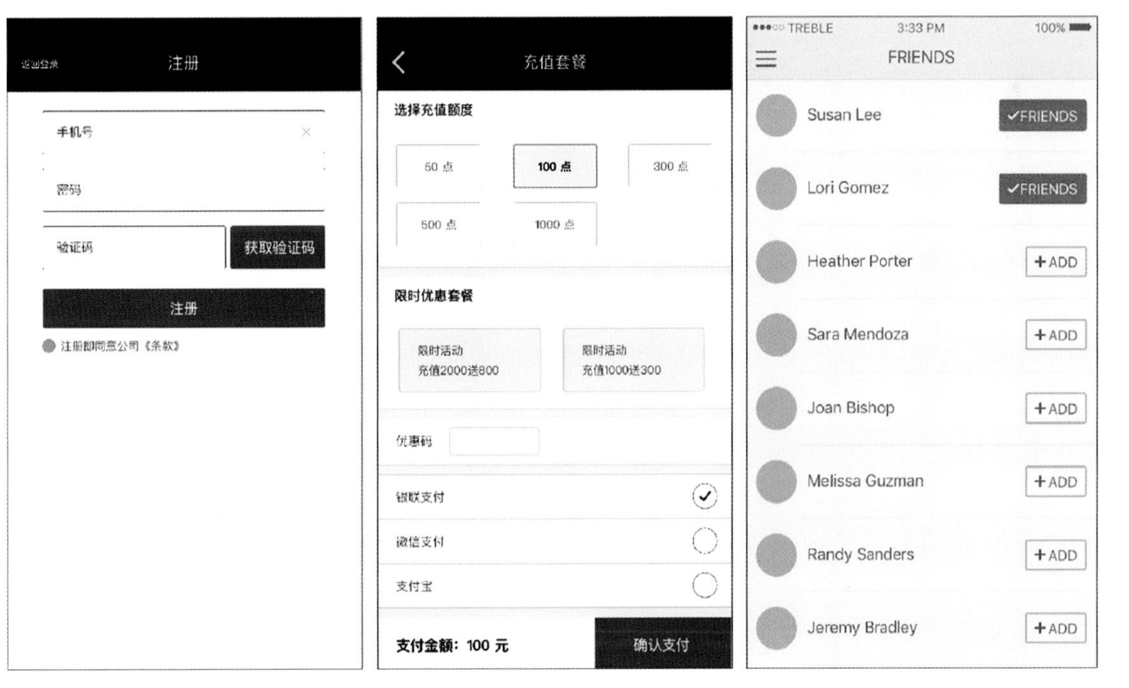

图2-13：软件绘制低保真原型图

图2-14：软件绘制低保真原型图

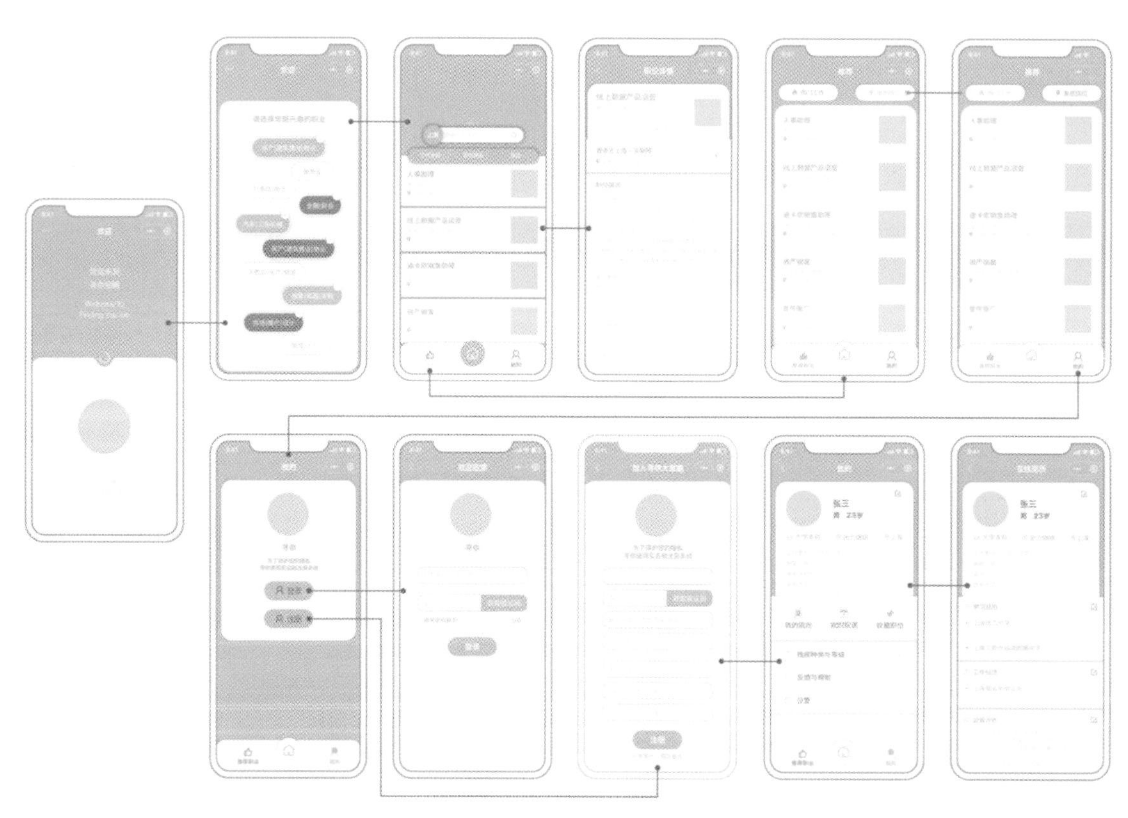

图2-15：温度系列APP——软件绘制低保真原型图　王菲

图2-16：@上理APP——高保真原型图　朱安琪

动态原型图通过特定的软件制作，通常都是可以在智能移动设备中进行实际操作的APP原型图。这类原型图除了界面的视觉呈现与动态效果跟最终产品有所差异，其主要的交互方式与操作体验已经基本接近最终的产品效果。通常经费相对比较充足的APP开发项目都会进行动态原型图的制作，这种体验感极强的原型图能够让开发者在产品开发初期进行第一轮产品效果测试，以避免在产品视觉设计完成，甚至是技术开发完成后才发现重大的产品缺陷，从而有效减少时间与人力成本的浪费。

2. 线框原型图制作

在此项训练中，我们要求学生在手绘线框草图的基础上，使用相应软件进行低保真静态线框原型图的制作。这是一种快速且有效的方法，学生能够以个人为单位，在相对较短的时间内，制作出足以纵观全局的操作界面，用以整体衡量操作流程与交互方式的合理性。学生可以自由选择Photoshop、Illustrator、Sketch或Axure等制图软件来完成这项任务。

对于视觉传达专业的学生来说，Photoshop、Illustrator的功能与特性已是了如指掌。在这里，我们简单介绍一下Sketch和Axure这两款软件（如图2-17）。对于没有美术基础的产品经理来说，Axure是一件可以快速制作动态原型图的利器。其特点是使用方便，交互效果制作快捷，能够以最高效的方式将产品经理或交互设计师的想法传达给视觉设计师，但其视觉设计上的功能十分薄弱，更多的只是被用于制作原型图来使用。在视觉传达专业的教学过程中，我们会更多地鼓励学生从项目初期就尝试使用Sketch来进行APP制作，其原因是因为此软件对完成视觉设计后的交互动效制作、尺寸标注、切图、技术开发等环节都有非常好的兼容性。初期使用Sketch所绘制的原型图能够很好地被延续使用，一劳永逸。对于没有编程基础的设计专业学生来说，前期使用Sketch进行界面的视觉设计，后期配合使用Principle进行交互动态效果的制作，这样便可以实现还原真实APP状态的逼真动态演示。

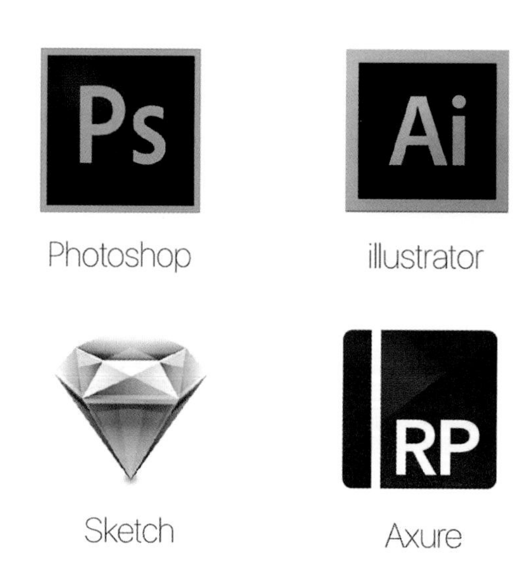

图2-17: Photoshop, Illustrator, Sketch, Axure

训练三　图标设计

设计案例： 每位学生为自选主题的APP进行图标设计。所涉及的图标设计应该包括APP启动图标和系列功能图标。

相关知识点： 启动图标的创意来源、功能图标的设计要点

训练目的： 1.掌握启动图标的设计能力
2.掌握功能图标的设计能力

训练要求： 1.设计有创意的启动图标
2.设计有识别度的启动图标
3.设计简洁、有统一识别度的功能图标

训练时间： 课上讲解4课时，讨论与指导8课时，课后制作完善32课时

相关作业： 每位学生各自完成自选主题的启动图标与系列功能图标设计。

相关知识点：

1. 启动图标的创意来源

启动图标，也可以称之为是APP的标识图标。启动图标就好像品牌设计中的品牌Logo，在设计的过程中我们需要注重图标的易识别性和简洁度。它的作用就像Logo是一个品牌的唯一视觉标识一样，启动图标代表了一个APP的形象，能够让用户通过第一眼的感知，形成对应用程序的认知。不同的颜色、不同的表现方式都会使启动图标传达出完全不同的信息。一个成功的启动图标不仅应该拥有自身的特点，还应该具备能够以最简洁的图形符号来传达内容信息、清晰地表达出APP主题主旨的功能。

（1）字形表达：字形表达是信息传达最直接和最直观的方式，看到图标上的汉字或字母就能立刻识别或阅读出APP的名称。这种方式通常会将APP名称中的某个中文单字、外文字母或数字进行图形化的设计，在提高辨识度的同时也便于名称的记忆（如图2-18）。

图2-18：字形表达启动图标

（2）IP形象表达：使用IP形象作为启动图标的案例也十分普遍。大多数品牌都会拥有自己的IP形象，使用这样的形象来作为启动图标也是为了提高辨识度，让用户一眼就能认出产品。例如QQ的企鹅形象、天猫的黑猫形象、盒马鲜生的蓝色河马形象等（图2-19）。

图2-19：IP形象表达启动图标

（3）主旨内容图形化表达：主旨内容图形化表达通常是提取APP的关键功能信息进行图形化的设计，其目的就是为了让用户对产品的功能形成强烈的记忆度。这类图标在设计的过程中，需要非常注意图形的造型简洁性和独特性，同时还要确保图形所传达信息的易识别性和准确性。相对前两种表达方式，这种图形化的设计对设计师的能力要求更高（图2-20）。

图2-20：主旨内容图形化表达启动图标

启动图标通常是以非常小的显示尺寸出现在应用场景中的，过于复杂和细节丰富的图形都会让其在狭小的展示空间中变得难以分辨。设计师在确保图形简洁度的同时，还需要做到准确传达APP的功能信息，这就需要具备相对较高的图形塑造能力。

2. 功能图标的设计要点

功能图标通常是作为APP中功能控制按键的一种视觉化表现而出现的，无论是标签栏、导航栏、搜索栏，还是菜单列表、类别信息导视，等等，都需要功能图标。功能图标在APP中是一个统一整体的图形体系（图2-21）。

功能图标在对按键起到美化作用的同时，更重要的是能够准确传达其功能含义。功能图标在界面中起到非常重要的作用，它通过图形方式让用户认知APP所具备的功能，并以图形方式提示用户在何处可以实现何种

图2-21：兴趣匹配APP——系列功能图标　周元

特定功能，帮助用户在理解APP功能的同时掌握其使用方法，降低新用户的学习成本。功能图标通常是以图形为主文字为辅的形式出现，图形是起到帮助用户提高对功能按键进行快速辨识和记忆的作用，文字则是起到辅助图形来进行准确辨识的作用。我们可以从图2-22中看出，用户几乎无法在只有文字的功能图标中，准确定位并一眼辨识所需要寻找的功能按键，而只有图形的功能图标往往又很容易让用户对按键功能产生误解，所以图形与文字的配合使用才能兼备易识别和准确识别的作用。

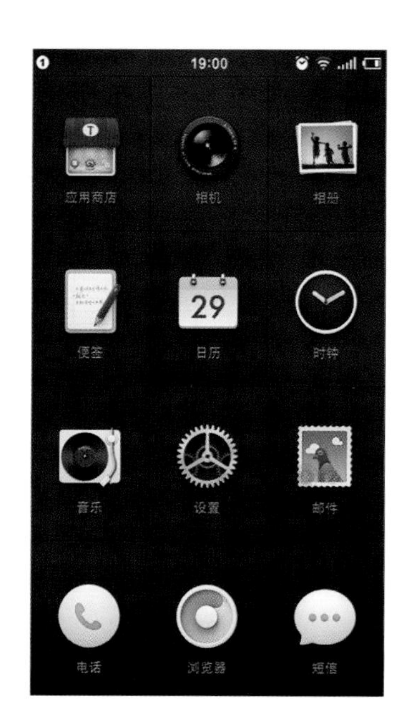

图2-22：锤子手机菜单界面修改对比图

功能图标的常见表现形式有扁平化图形（图2-23、2-24）、拟物化图形（图2-25、2-26），有时根据APP的整体设计风格，也会用到立体化图形（图2-27）和像素化图形。扁平化图形制作的图标可以有块状图形和线状图形两种不同的绘制方式，其区别是显而易见的。块状图形的填充色在整个图形中占比更大，图形较为饱

图2-23：飞猪——扁平化图标

图2-24：中信银行——扁平化图标

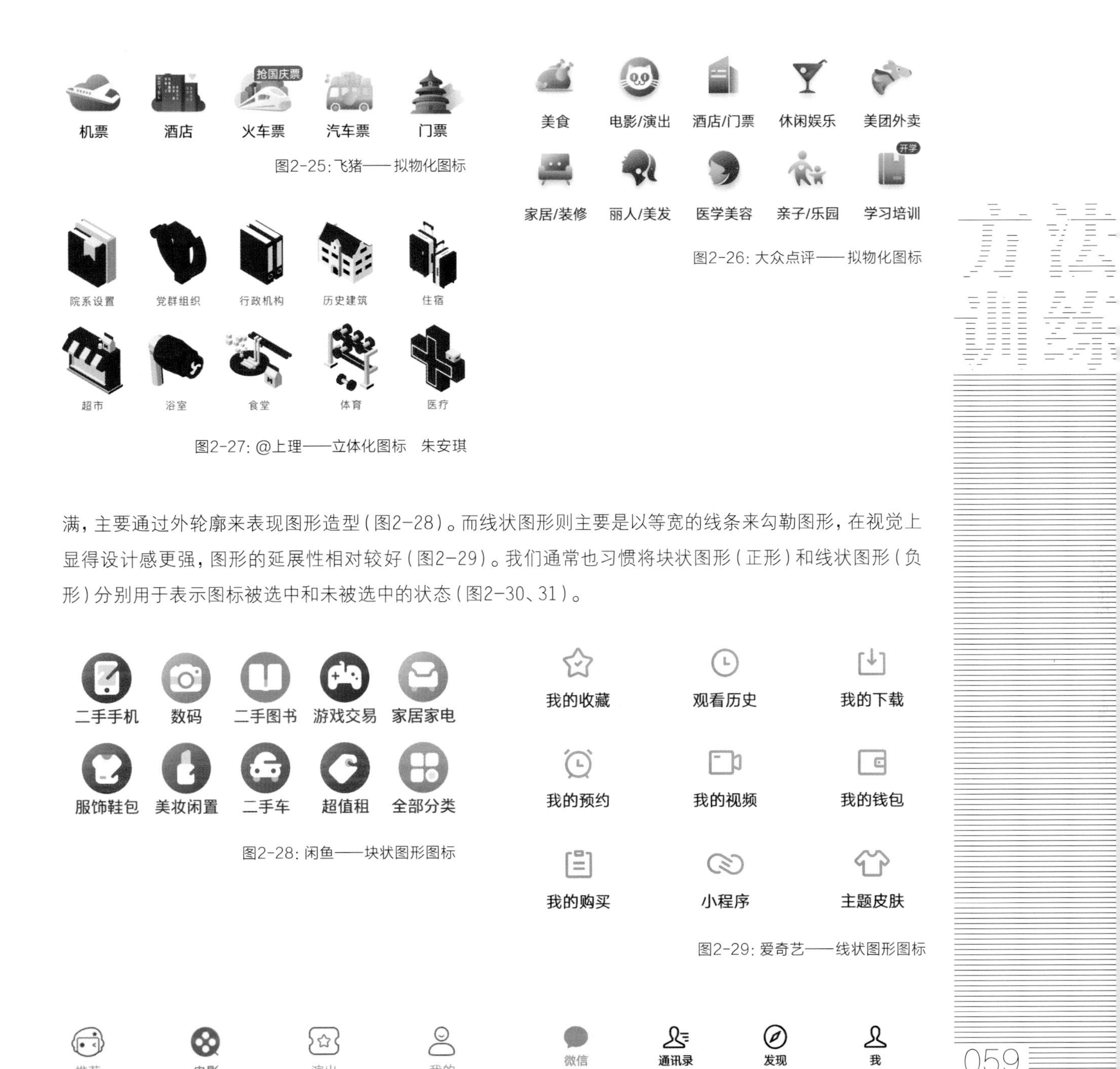

图2-25：飞猪——拟物化图标

图2-26：大众点评——拟物化图标

图2-27：@上理——立体化图标　朱安琪

满，主要通过外轮廓来表现图形造型（图2-28）。而线状图形则主要是以等宽的线条来勾勒图形，在视觉上显得设计感更强，图形的延展性相对较好（图2-29）。我们通常也习惯将块状图形（正形）和线状图形（负形）分别用于表示图标被选中和未被选中的状态（图2-30、31）。

图2-28：闲鱼——块状图形图标

图2-29：爱奇艺——线状图形图标

图2-30：格瓦拉

图2-31：微信

在设计的过程中，我们尤其需要注意在同一APP界面中，功能图标表现形式的统一性和整体性。同一APP界面中功能图标表现形式的选取不宜超过两种，同时还需要注意同种表现形式的图标必须采用相同的绘制方法。如图2-32所示，功能列表中所使用的是拟物化图形的图标，标签栏中的图标使用的则是扁平化图形的图标。以使用扁平化图形的图标为例，同种表现形式的图标必须采用相同的绘制方法指的是图形的描边粗细、圆角大小、整体风格、正负面积比等都保持相同。图2-33、2-34、2-35、2-36、2-37展示的是扁平化图形图标的5种不同绘制方法。若将过多的图标表现形式和不统一的图标绘制方法放在同一界面中使用，则会产生明显的视觉混乱感，导致用户体验度的下降。很多初学者往往会将通过网络下载的不同图标素材，东拼西凑成一套图标，每个图标个体看似没有任何问题，但拼凑在一起就会显得杂乱无章，影响界面的整体性和统一性，这是图标设计中的大忌。

图2-32：盒马鲜生

图2-33：华住会——扁平化图标

图2-34：农业银行——扁平化图标

图2-35：喜马拉雅——扁平化图标

图2-36：小米有品——扁平化图标

图2-37：有道词典——扁平化图标

训练四　不同类型界面的细化设计训练

设计案例： 据界面的线框原型图进行APP中不同类型主要界面的高保真原型图设计制作，完成10~12个主要界面的高保真原型图。界面类型可以包括启动页、引导页、首页、列表页、详情页、个人中心页、可输入页、空白页、操作指导页等。

相关知识点： 不同界面类型的设计要点

训练目的： 1.具备规划主要界面的能力

2.具备不同类型主要界面的设计能力

训练要求： 1.认知界面的不同类型

2.掌握不同类型界面的设计方法

3.进行感性的创意设计

训练时间： 课上讲解4课时，讨论与指导12课时，课后制作完善36课时

相关作业： 每位学生根据自己选题内容的需求，选取相对应的10~12个主要界面进行界面的细化设计。

相关知识点：

1. 启动页

启动页又可以称之为闪屏页，是每次启动APP时最先出现的页面，此页面非常重要，它承载了用户对APP的第一印象。启动页之所以又称为闪屏页，是因为用户观看它的时间非常短，往往是一闪而过，其停留时间是根据不同软件在启动时所需的用时而定，通常只有1秒左右。因此，设计师必须在极短的时间内向用户传达明确的产品理念与定位，只有足够吸引人的闪屏页才能加深用户对APP的认知度，留下更好的第一印象。启动页主要可以分为品牌宣传型和节日活动型两种。

（1）品牌宣传型：启动页最常见的形式是为了起到品牌宣传的作用而出现的，其主要的内容可以包括“品牌形象（Logo）”“品牌名称”“品牌标语”等内容（图2-38）。这种类型的启动页通常设计得较为简洁直接，让用户在最短的时间里一眼认清品牌特点。

图2-38：品牌宣传型

（2）节日活动型：有时在特定的节日或活动推广期间，各大APP也会推出各种能够烘托氛围的主题启动页。在节假日启动页中，设计师可以将品牌Logo与假日元素进行融合设计，或用场景插画来营造假日气氛，这样的方式能够让用户体会到品牌带来的假日祝福与关怀，提升用户使用APP的愉悦度（图2-39）。在活动推广启动页中，设计师更多地会以广告或海报的形式将活动主题内容和时间节点呈现在启动页中，力求最大程度的宣传活动（图2-40）。

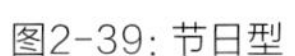
图2-39：节日型

图2-40：活动型

2. 引导页

引导页通常由3~5个页面组成，不宜过多也不应太少。对于用户来说，引导页就好像是开始使用APP前的教学和前情提要，通常在应用安装或更新后第一次打开使用时出现。一套好的引导页能够迅速引起用户对产品的兴趣，通过准确的目标群体定位，将有效的功能和使用方法介绍推荐给用户，起到加深好感的作用。引导页通常可以分为功能介绍型和故事叙述型两种。

（1）功能介绍型：功能介绍型是相对较为基础的一种引导页，信息的展示需要做到简洁、精准（图2-41）。用户的视线不会在每个页面上停留过多的时间，通常是在2~3秒左右，设计师需要在有限的时间内将最重要的图文信息，以最通俗易懂的方式呈现给用户。

图2-41：功能介绍型

（2）故事叙述型：故事叙述型引导页则对页面中的文案内容有更高的要求。这种类型的引导页需要通过文案和配图，将用户的需求通过特定形式呈现，引导用户去思考产品的价值（图2-42）。在图形设计上，设计师需要用更为生动有趣的视觉语言加强产品使用前的预热效果，在引导用户进入首页界面的过程中，为用户带来惊喜。

图2-42：故事叙述型

3. 首页

APP首页的功能模块需要根据不同的产品需求来制定，选择一种合适的首页展示方式非常重要。设计师需要通过不断的尝试和测试体验来制定最适合产品本身的展示方式。常见的首页展现形式可归纳为5种，分别是图标型、模块型、列表型、内容展示型、综合型，但绝不仅限于这5种。

（1）图标型：当我们需要在首页中提供几项最核心的主要功能时，可以采用大图标的形式来进行功能展示（图2-43）。这样的首页以在一屏内完全展示全部图标功能为最佳，需要做到简洁明了，突出重点。

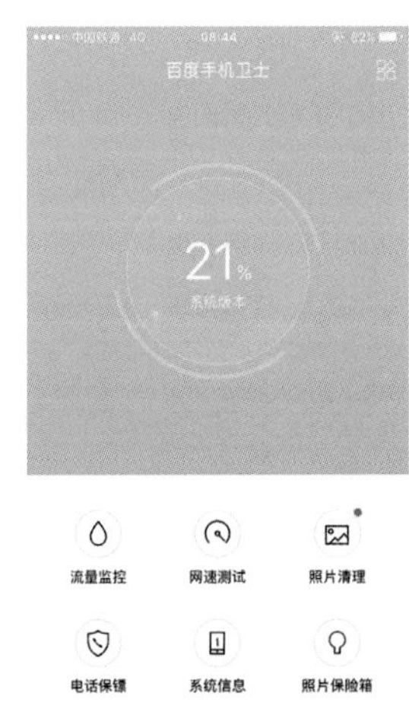

图2-43：图标型

（2）**模块型**：在遇到各类复杂信息需要在首页进行展示时，我们可以将信息进行分组归类，例如将一组操作按键、头像、文字信息归类至同一组卡片中，以此类推形成多组卡片式按键。这样就可以将分组的信息通过组别联系在一起，在视觉上做到一目了然，同时还能加强内容的可点击性（图2-44）。

图2-44：模块型

(3)列表型：列表型首页是指在一个页面上展示同一级别的分类列表。列表通常由标题文案和图像组成，图像可以是照片也可以是图标（图2-45）。这样的首页可以通过上下滑动的交互操作来实现一屏之外更多内容的浏览。

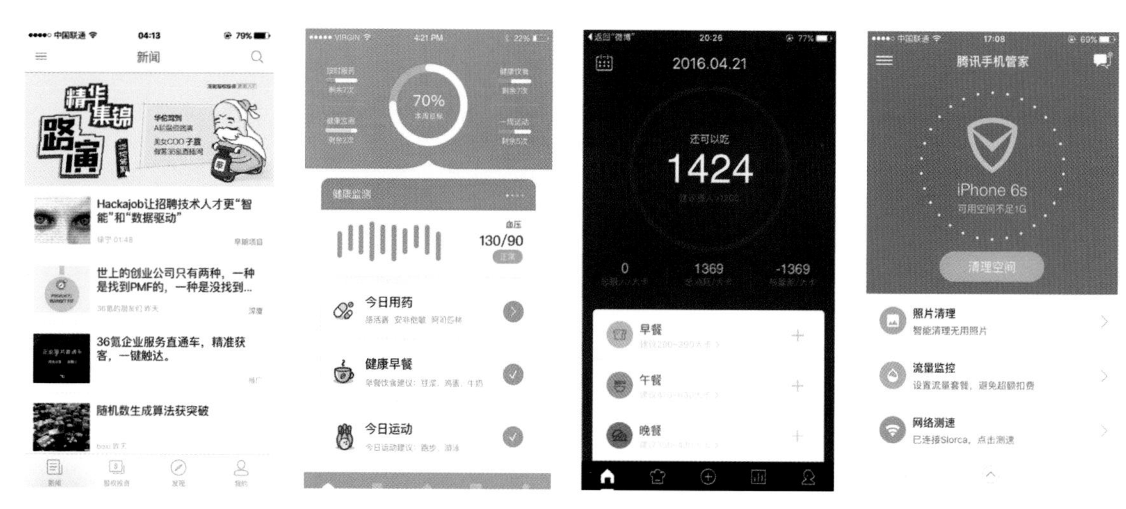

图2-45：列表型

(4)内容展示型：此类首页最为直截了当，将最主要的内容信息直接推送到用户眼前，适合用于无须分类、核心功能相当明确的APP来使用。这种方式能够最大程度减少用户的操作步骤，以最快速、高效的方式进行使用（图2-46）。

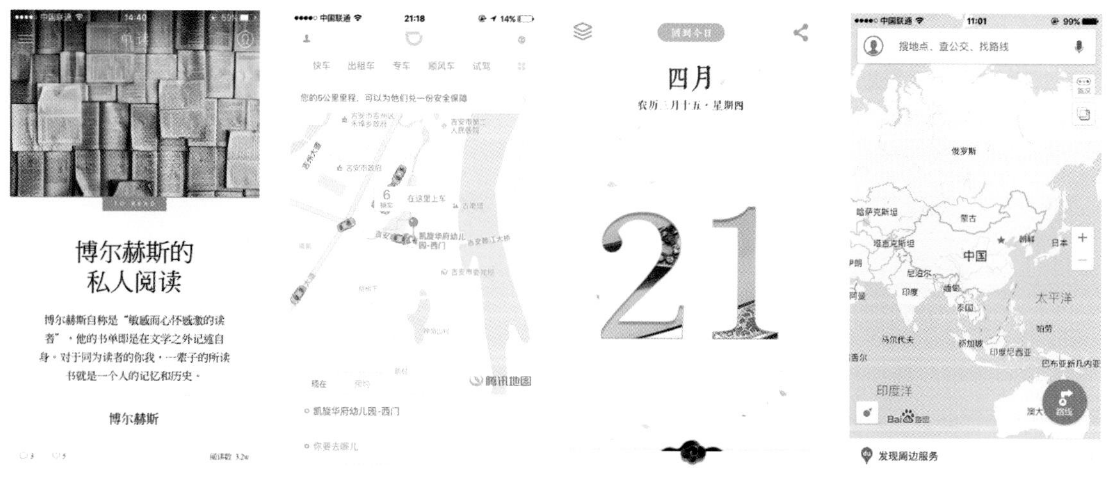

图2-46：内容展示型

（5）**综合型**：此类首页多用于信息量庞大，需要对端口进行详细分类细化的APP（图2-47）。通常图标型、模块型、列表型展示方式会被同时运用到首页中，这就非常考验设计师的能力了，如何让繁杂的内容在同一个页面中显示得清晰易读就尤为关键。我们需要在设计时注重分割线的合理使用，以及选择合适的区域背景颜色来对不同功能区块进行分割，在保证分类清晰的同时还要注重页面的整体性。

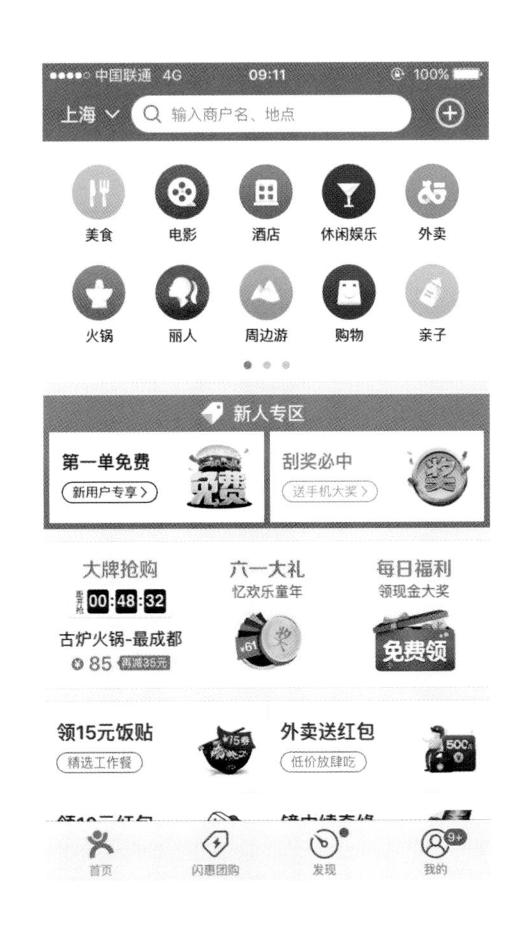

图2-47：综合型

4. 列表页

当有多项并列信息需要罗列时，我们会用到列表页面，比如我们可以将好友通讯录页面理解为是一个信息列表，又或者是当我们进行搜索或查看分类筛选结果时也需要这样的列表页面。一条列表信息通常由“图片或头像”“标题”“介绍”组成，相同格式的信息列不断重复组成一个完整的信息列表页面，这样的页面看似循规蹈矩，但要把复杂的信息组织清晰却不简单。在设计列表页时我们可以遵循以下几条原则：给予张弛有度、疏密得当的留白空间，保持规整统一的对齐方式，以颜色、粗细、大小来区分主次信息，以虚实对比分清列表层次关系。

(1) **单行列表：**单行列表是最为常见的列表方式，例如产品店铺信息、评论信息、好友信息等都会用到单行列表的方式来进行页面设计（图2-48）。我们通常会根据用户按从左往右、从上至下的阅读顺序来编排信息之间的主次位置，将最醒目最抓眼球的图片内容放置于列表最左侧，然后按从上至下的顺序放置名称标题大字及说明文字、评分、价格等信息。页面主要通过图片吸引用户点击，而文字则起到辅助说明的作用。

图2-48：单行列表

(2) **双列模块：**双列模块通常是在一个小模块中以图片在上文字在下的方式进行信息呈现。较大的图片占比可以让页面在看起来饱满充实的同时，也更能够吸引用户的眼球（图2-49）。

图2-49：双列模块

（3）**时间轴**：如果我们需要在页面中体现信息的前后顺序，就可以在界面设计时运用时间轴的编排方式。时间节点与节点内容需一一对应，这样的方式能够让信息看起来更具条理性，凸显出每条信息之间的关联度（图2-50）。

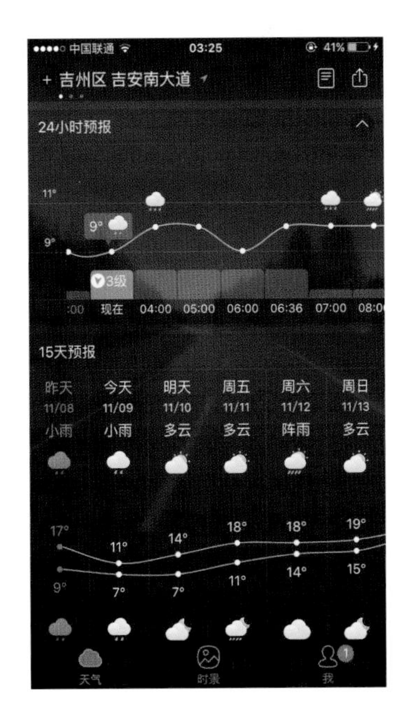

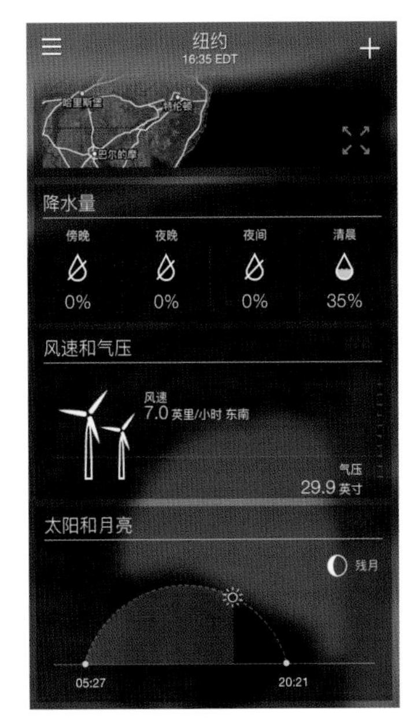

图2-50：时间轴

（4）**图片列表**：图片列表经常运用于摄影或图片编辑类APP中，在设计时界面通常会提供不同的图片筛选方式，从而形成不同的图片列表形式，如按日月年、按文件夹等不同方式来显示。为了让数量庞大的图片在界面中均匀整齐地显示，将图片的缩略图分割成一个个正方形来进行排列是非常有效的方法（图2-51）。

图2-51：图片列表

5. 详情页

详情页是整个APP中界面内容相对更为丰富的页面。这种文字占比更高的页面，通常需要注重信息的可阅读性。在详情页中，标题、正文、说明性文字等不同信息的层级区分显得格外重要，我们要灵活使用字号与文字颜色的变化来区分信息的主次关系，用分割线、提示小图标、重点符号、背景色等来区分信息层级（图2-52）。如果你想在有限的界面空间内，将复杂的信息编排得井然有序，那就需要有一定的经验积累。

图2-52：详情页

6. 个人中心页

在APP中，个人中心页通常是在界面底部的标签栏中，以“我的”标签出现。需要使用账号登录的APP都应该有个人中心的页面来实现用户个人信息管理的功能，所有与用户相关的账户和信息设置都会被包含在这个界面中，这是一种非常常用的页面类型。在社交类APP中，个人中心有两种角色场景的划分，一种是用户自己的个人页面，另一种则是他人的中心页面。因此，在设计时，我们需要对这两种使用场景进行区分设计，以免

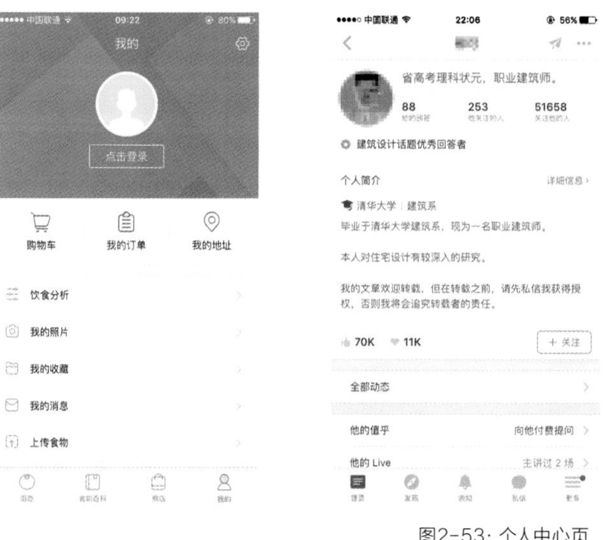

图2-53：个人中心页

用户产生错乱感。用户自己的个人页面应注重自身的信息编辑功能，而他人的页面则更需注重体现用户关注和私信交流等功能（图2-53）。

在个人中心页面中，个人头像和个人信息是最为主要的内容，通常会在界面上方出现，以居中对齐的方式编排。当界面内容较多时，我们也会采用头像在页面上方居左对齐的方式进行编排，这样的编排方式也同样十分醒目（图2-54）。值得注意的是，社交应用的个人页面更多的是需要凸显用户与好友之间的关系，因此类似“关注”“粉丝”“转发”等与数字相关的信息就变得格外重要，需要对其做着重设计。

7. 可输入页

注册登录、信息填写、消息发布都会涉及可输入功能页面，这样的页面十分常用，对设计师来说其设计要点是必须要了解的。输入键盘被唤醒时是否会遮挡界面信息内容、输入框的宽度与高度是否易于点击操作、给用户的文字提示是否精准有效都是设计师值得仔细琢磨的问题。例如提示“请输入您的邮箱”也可以用“邮箱”两字来替代（图2-55）。

在设计“填写信息表单”页面时，我们需要对不同类别的填写内容进行有条理的分类，以减轻用户对复杂信息的填写压力。例如在填写入住信息时，可以将入住地址信息、房间信息、入住人信息、金额信息分为四类进行排列（图2-56）。对于需要经常填写的复杂信息，我们也可以在页面中增加“常用信息储存”功能。例如地址信息、开具发票信息等，我们可以让用户直接选择已经储存过的常用信息，而不必每次都重新输入，以方便用户使用，增加APP的亲和力。

图2-54：个人中心页

图2-55：可输入页

图2-56：可输入页

8. 空白页

通常由于网络问题或其他原因造成的页面错误或没有内容的页面我们称之为空白页。例如页面中显示“无信息”“内容为空”“无网络”“错误提示”等内容的页面都属于空白页(图2-57)。在一般情况下，空白页主要是通过文字的方式来提示用户当前的问题，同时配合生动的图形来缓和用户遇到问题时的急躁心情。一个优秀的空白页不仅需要做到提示用户错误原因，更重要的是提供解决建议，引导用户通过一定的操作步骤来进行有效处理，从而缓解用户对产品出错所产生的不满情绪。例如可以设置“刷新页面”“检查网络”“报错”等按钮，或更详细的操作来帮助用户理解并解决问题(图2-58)。

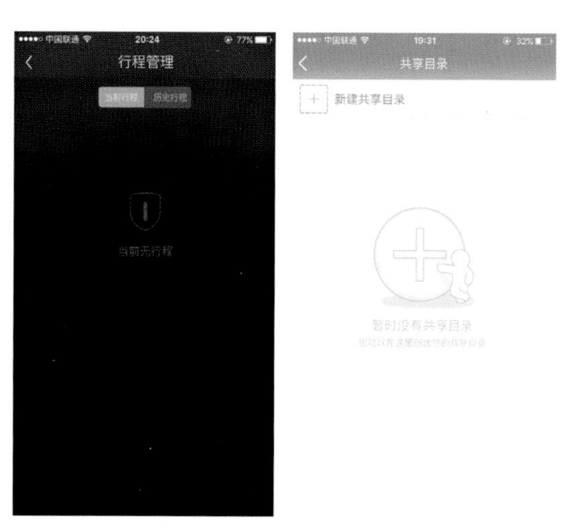

图2-57：空白页

图2-58：空白页

9. 操作指导页

操作指导页通常会在首次使用APP时，或是在APP更新后出现。其目的是为了更好地帮助用户理解界面功能，能够更快速地掌握APP的操作方法(图2-59)。操作指导页通常会用较为轻松愉悦的方式来进行设计，如在原有的界面中加入深色透明遮罩，并在遮罩上使用高亮颜色突出信息，又或是用蒙版来强调主要功能，同时配合箭头指示等方式，对重点功能进行讲解、显示操作提示。

图2-59：操作指导页

训练五 统一的视觉规范制定

设计案例： 在进行主要界面高保真原型图设计的过程中，根据界面中的视觉效果内容制定一套统一的界面视觉规范。视觉规范内容应包括色彩、文字、按键、提示框、控件、图标、布局等。

相关知识点： 视觉规范的重要性、视觉规范制定要点

训练目的： 1. 具备制定统一视觉规范的能力

2. 理性的统筹规划能力

训练要求： 1. 认识到视觉规范的重要性

2. 掌握制定视觉规范的方法

3. 进行感性设计的同时，结合理性思维制定规范

训练时间： 课上讲解2课时，讨论与指导4课时，课后制作完善8课时

相关作业： 根据高保真原型图内容，制定一套界面视觉规范。

相关知识点：

在设计项目进行过程中，由于设计师与程序员需要保持频繁对接，因此我们在项目建设初期就应该制定设计规范，以避免各团队使用视觉元素过程中或是随着软件版本不断更新，形成各类视觉错误，从而导致越来越多严重问题的出现。制定一套完整的设计规范文件能够提高项目的推进效率，以及各团队间的协同合作能力。当一个项目需要多名设计师协同合作时，统一的设计规范能够让设计师以相同的方式去理解界面中的视觉表现规则，以达到统一视觉效果的目的；对于程序员来说，统一的设计规范能够让产品在不同的设备平台上得到统一适配，让同一款产品在不同的传播介质上呈现相同的视觉效果；统一的设计规范能降低团队间的沟通成本，加强团队间的协作能力。一套完整的设计规范文件通常需要包含以下内容。

1. 色彩规范

色彩规范指的是标准色、辅助色、提示色以及色彩在不同场景中使用时的设计规范。在界面的高保真原型图设计完成后，我们就需要制定界面的统一用色规范。将标准色（主色）、辅助色、提示色（点缀色）进行色值固定，在之后批量制作完整产品页面时，围绕这些颜色来进行设计，保证页面色彩的视觉统一（图2-60）。我们需要对色彩在不同场景中的使用变化进行规范。可将使用场景按重要、一般、较弱三个级别来进行划分，分别对不同场景中的字体用色、线条用色、块面用色进行标准化的用色规范制定（图2-61）。

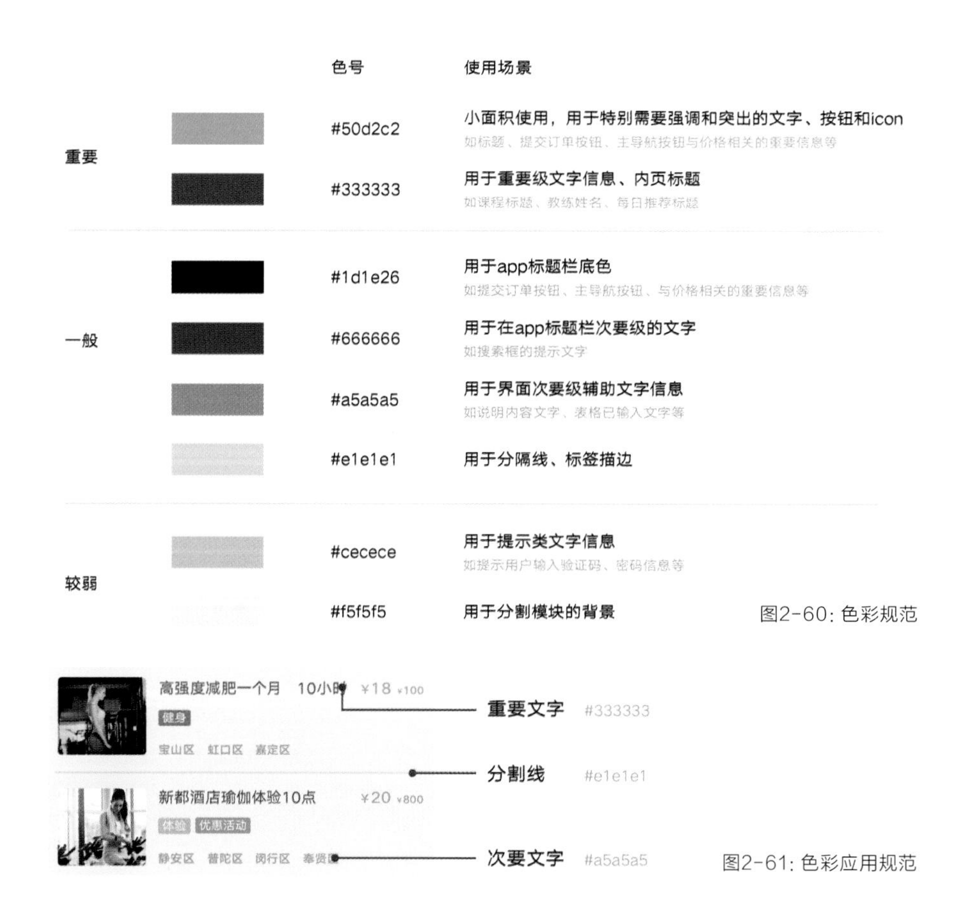

图2-60：色彩规范

图2-61：色彩应用规范

2. 按钮控件规范

按钮控件规范指的是确认和取消等功能按钮、输入框、弹出层的设计规范。在同一产品中，会出现各类不同功能类型的按钮，我们需要罗列所有类别的按钮，为其制定相应的设计规范，例如尺寸、字号、圆角大小、描边大小等，以确保一致的视觉效果，输入框与弹出层也应如此。按钮通常有三种状态，默认状态、触摸状态、不可点击状态，我们需要根据三种不同的状态来制定相对应的设计规范，例如用标准色来定义默认状态的按钮颜色、用加深的标准色来定义触摸状态，用灰色来表示不可点击状态（图2-62）。

在一个应用中，除了有导航或搜索输入框之外，还有界面底部的评论或文字发送输入框，我们同样需要对其进行统一的设计规范制定。弹出层可主要分为带按钮与不带按钮两种，带按钮弹出层又可分为单个按钮或多个按钮。在有两个按钮的情况下，我们需要对按钮进行功能上的主次区分，用以引导用户完成操作（图2-63）。

图2-62：按钮规范

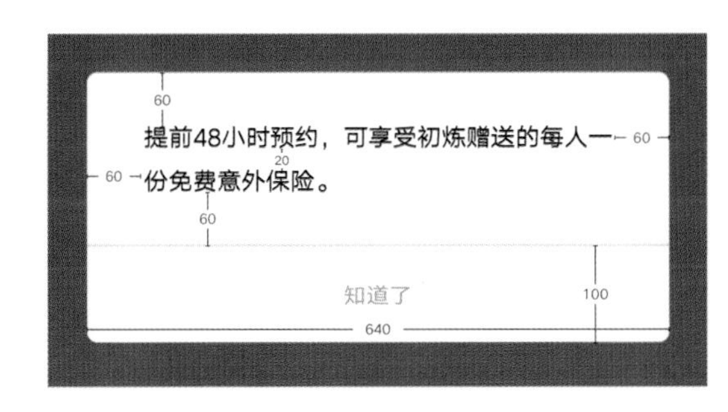

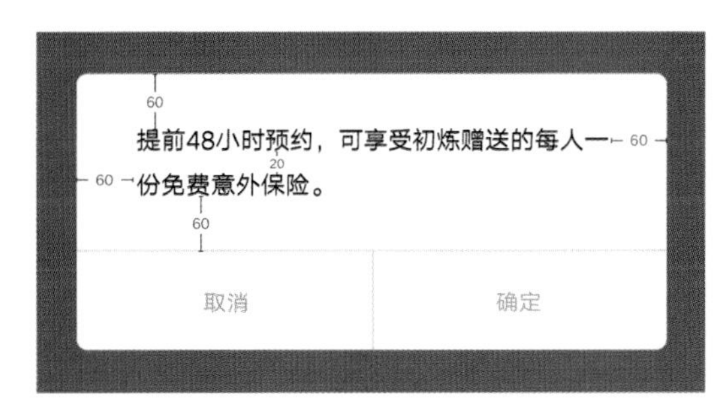

图2-63：弹框按钮

3. 间距规范

间距规范指的是界面中各元素之间的间隙设计规范。间距可以包括字间距、行间距以及界面中内容与边界的间距，又或者是控件与控件之间的间距。为了让页面协调统一，我们需要对图文内容的四周间隙设置一个间距规范，以确保信息的清晰传达。我们通常会使用20px或30px的大小来设定间距，如果希望间隙大一些可以使用40px，但过大的间距会导致有限空间内的界面使用率降低，所以一般不建议间距超过40px。同时，导航栏与标签栏以及一些功能模块内各元素之间的间距也必须制定统一的间距规范（图2-64）。

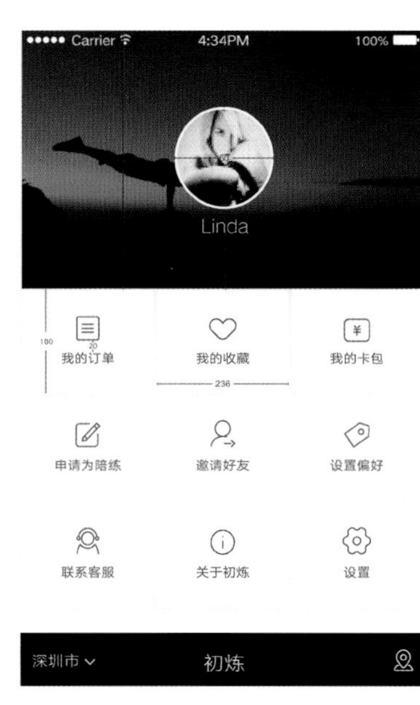

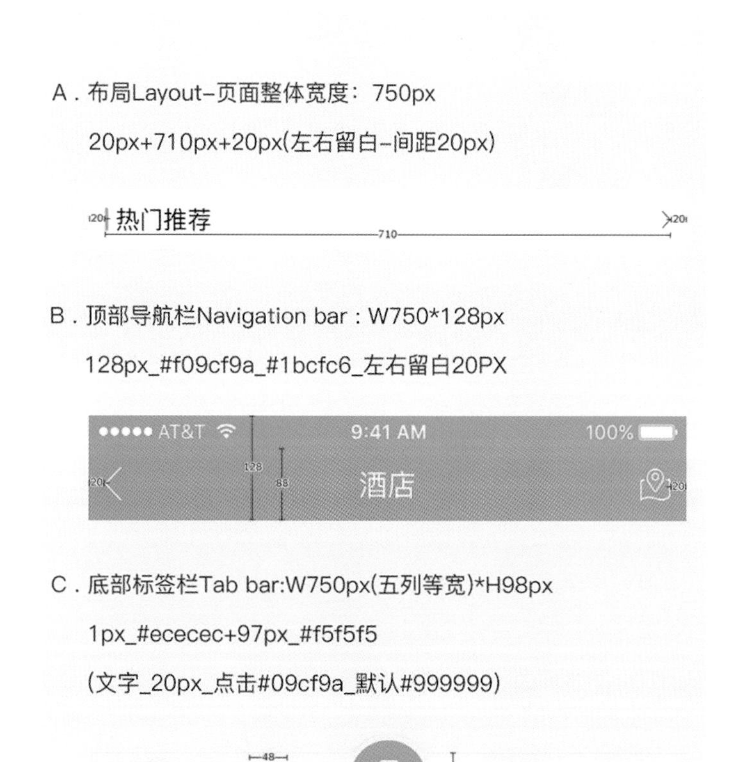

图2-64：间距规范

4. 文字规范

文字规范指的是文字的字号、字体，以及文字在不同场景中使用时的设计规范。不同的内容信息对应不同的字号大小，通常较为重要的信息字号会较大一些，次要信息字号则相对较小一些。我们可以根据信息层级的主次关系来制定字体与字号，其目的主要是为了让信息的显示更为清晰(图2-65)。

在iPhone 6的界面设计尺寸中，最小字号一般不建议小于20px。在阅读类APP中，为了确保易读性，导航栏与栏目名称文字字号通常会选择较大的34px或36px字号，主要正文选择30px字号。在列表页面中，我们可以将标题文字字号定为34px，副标题字号定为28px，辅助说明性文字字号定为26px，次要的提示性文字与注释文字字号可以设置为22px或24px (图2-66)。

需要特别注意的是，设计师在选择字号时一定要选择偶数作为字号，因为程序员在做界面开发时所使用的字号大小需要根据设计字号做除以2的换算。

iOS版本的设计图字体　中文：兰亭细黑　样式 平滑：
英文、数字、字符：Helvetica Neue

	样式	字号	使用场景
重要	标准字	36px	用在App Title标题
	标准字	32px	用于重要标题、操作按钮
一般	标准字	30px	用在App Title的左侧或侧文字
	标准字	26px	用于大多数文字，如课程详情等
较弱	标准字	22px	用于说明、提示文字及标签按钮上的文字

	样式	字号	效果	使用场景
重要	￥20	40px	加粗	用于课程详情、课程列表价格
一般	￥20	26px	不加粗	用于课程原价

图2-65：文字规范

样式	字号	使用场景
标准字	36px	顶部导航栏，栏目名称等
标准字	30px	主要文字，板块标题等
标准字	28px	搜索栏文字，用户名称等
标准字	26px	用于大多数辅助性文字，文章内容等
标准字	24px	次要文字，提示信息等
标准字	22px	用于注释文字等
标准字	20px	用于底部tab bar标签栏文字

图2-66：文字规范

5. 图标规范

图标规范指的是图标大小与绘制方法的设计规范。在同一款产品中，从操作性角度考虑，我们可以将常用的图标分为两类，可点击图标与描述性图标，不同类型的图标我们需要用不同的图标尺寸来进行规范。为保证点击操作的准确度，可点击图标的尺寸一般不建议小于40×40px，过小的可点击图标难以被手指触摸到，会加大操作的失误率。描述性图标通常是配合说明性文字一起使用，起到辅助文字说明、增加易读性、吸引注意力的作用（图2-67）。此类图标不宜过大，以免喧宾夺主。同时，我们也需要注意线状图标与块状图标的合理使用，在图标造型复杂且难以完全统一大小的情况下，我们可以在图标外侧加入统一的形状，来确保更高的视觉一致性（图2-68）。

6. 头像规范

头像规范指的是头像使用大小与使用场景的设计规范。在APP中，头像是十分常用的元素，在头像的设计中，我们通常会使用带圆角的正方形或是圆形来制作头像。相较于方形，圆形的聚焦效果更为明显，能够让视线更容易聚焦到头像上。同时，较为圆润的头像外形能够更好地修饰脸型，也能够与横平竖直的文字排列形成反差，在界面中起到构成上的点缀和活跃版面的作用。

社交类产品中会大量运用到头像，我们通常会针对不同的使用场景来设定不同的头像尺寸规范。例如：发表评论头像、好友列表头像、好友聊天头像、个人用户头像等（图2-69）。

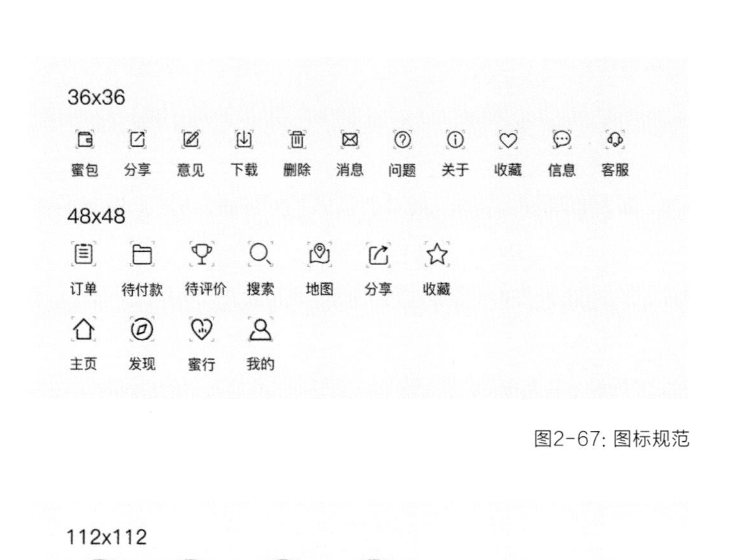

图2-67：图标规范

图2-68：图标规范

用户头像尺寸W*H 单位：px

60*60
发表评论头像

80*80
发表说说头像

92*92
好友聊天头像

130*130
个人用户头像

图2-69：头像规范

训练六　交互动效制作

设计案例： 针对APP的主要功能进行交互动效的演示制作，要求动效演示能够完整地展示整个APP核心功能的操作流程。

相关知识点： 交互动效的种类

训练目的： 1.从静态界面到动态演示的设计能力
2.整体操作流程的动态叙事能力

训练要求： 1.了解交互动效的不同类型
2.尝试运用陌生的软件进行动效制作
3.通过交互效果设计，清晰展示页面间的逻辑关系与功能特性

训练时间： 课上讲解2课时，讨论与指导4课时，课后制作完善12课时

相关作业： 针对APP中的主要功能，完成一套应用的交互效果演示。学生可以使用Principle软件来进行交互设计，并通过屏幕录制将APP的整个操作流程进行记录保存，以MP4格式进行提交。有能力的学生还可以使用After Effects软件对录制的交互界面进行视频编辑，制作一段APP宣传片。

相关知识点：交互动效的种类

如果你希望让你的界面变得更加生动活泼，互动效果更强烈，那就需要对界面中的各个元素进行有序的动效设计。动态效果在增强视觉体验的同时，更重要的是将界面功能进行视觉化演绎。通过动效，我们可以有效地解释页面之间的层级关系，让用户快速理解各层级之间的逻辑关联。此外我们也可以为页面中的多个元素制作相互关联的动效，从而让用户对按键功能有更清晰的认识，理解界面中的各项功能的作用，简化操作流程，从而获得更好的操作体验和用户好评。常用的动态效果主要有以下8种。

1. 滑动与缩放

通过滑动或缩放效果来实现页面间的切换，是一种非常常见的动态交互方式。这种方式可用于相同层级页面间的平行切换，也可用于不同层级页面间的纵向切换。动态效果截图中所展示的是锁屏界面与系统主界面之间的切换效果（图2-70）。用户可以通过对锁屏界面实施上划操作进入系统主界面。我们不难发现，在上划过程中，锁屏界面上的时间数字在向远处缩小的同时，主界面上的应用图标从界面外由大到小进入到用户的视线中。这样的动效设计能够十分自然地将锁屏到主界面的层级变化以由外入内的缩放交互效果呈现给用户。

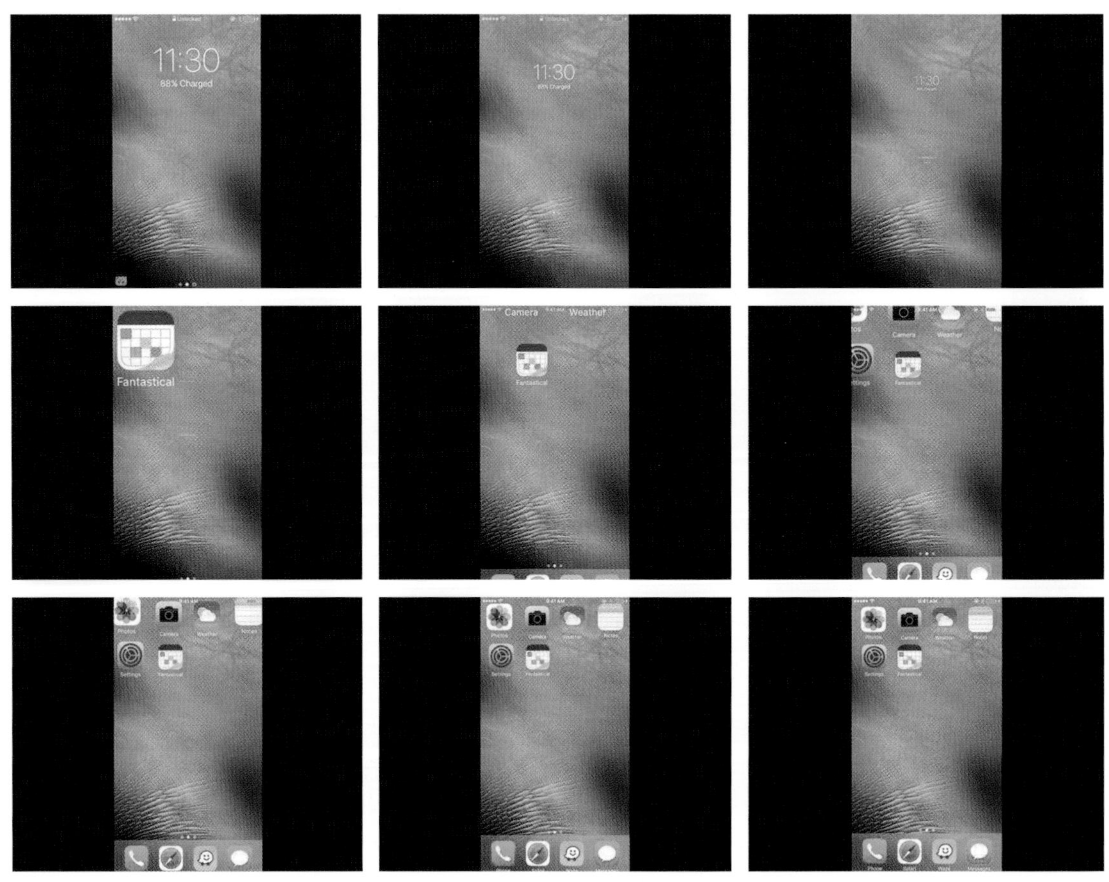

图2-70：滑动与缩放

2. 遮罩

遮罩效果给人一种强烈的代入感，因此多用于诠释从上一层级页面进入到下一层级页面的切换过程。遮罩的收缩可以理解为是进入下一层级，而遮罩的扩展则可以表示退出或返回到上一层级。图2-71所展示的是用户从音乐列表界面进入到单首曲目播放界面的过程。当用户点击红色的圆形播放按键后，会触发圆形放大遮盖顶部矩形图片的动效。在这个过程中，播放按键变化成暂停按键，与被圆形遮罩后的图片一起进入到画面中心，模拟出黑胶唱片旋转播放的视觉效果。

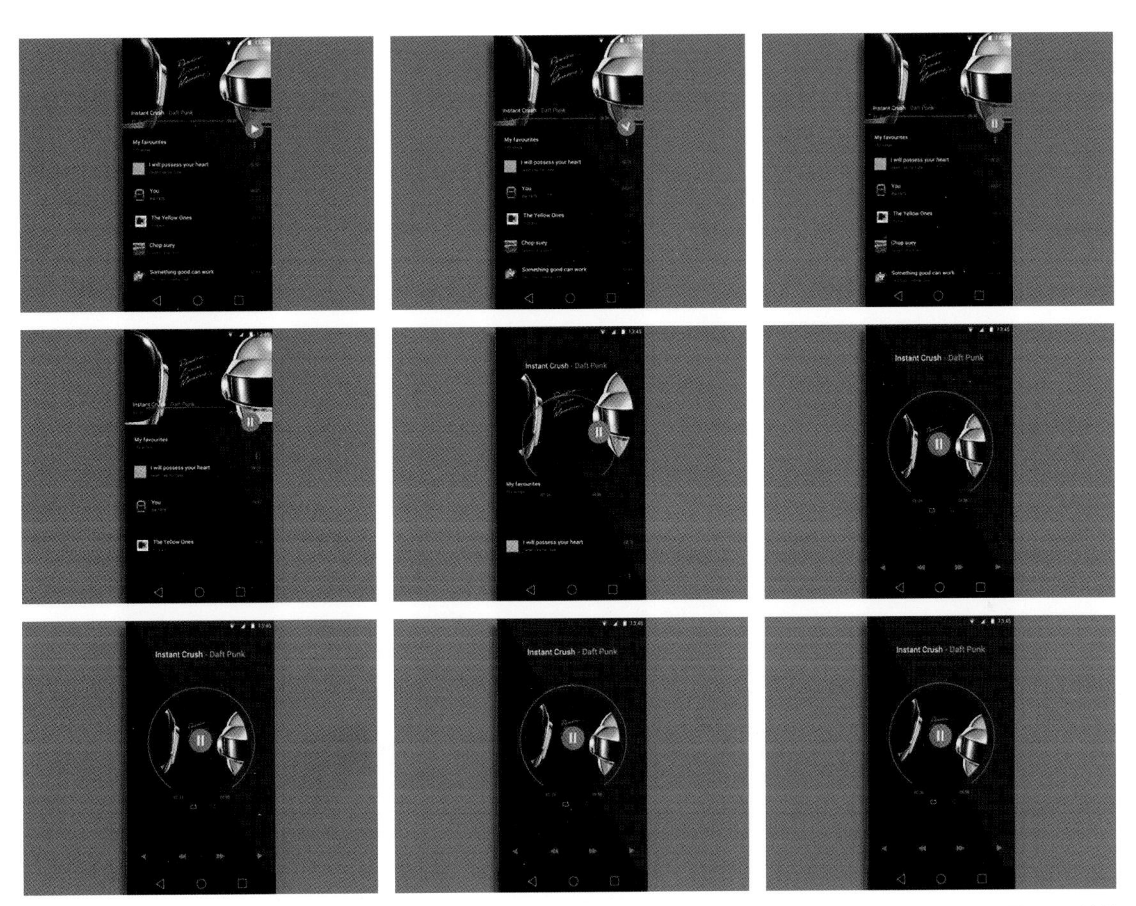

图2-71：遮罩

3. 叠加

叠加是一种将一个页面覆盖到另外一个页面上的效果，可以用于诠释从一个层级进入到另外一个层级的过程。案例中呈现的是用户通过由下向上的滑动操作，实现从图片列表进入到图片详情页的过程（图2-72）。

4. 父级关系

父级关系演绎的是在同一页面中，对局部功能进行更进一步操作的过程。我们可以在案例展示中看到，通过对信息列表的向右滑动，从而进入到此列表更深一步的控制面板中，进而得以实现更多的功能操作。这种局部的层级深入动效，不仅能够非常有效地避免过多的页面跳转对用户带来的层级关系混乱感，还能够使界面变得更加容易理解，降低用户的学习成本（图2-73）。

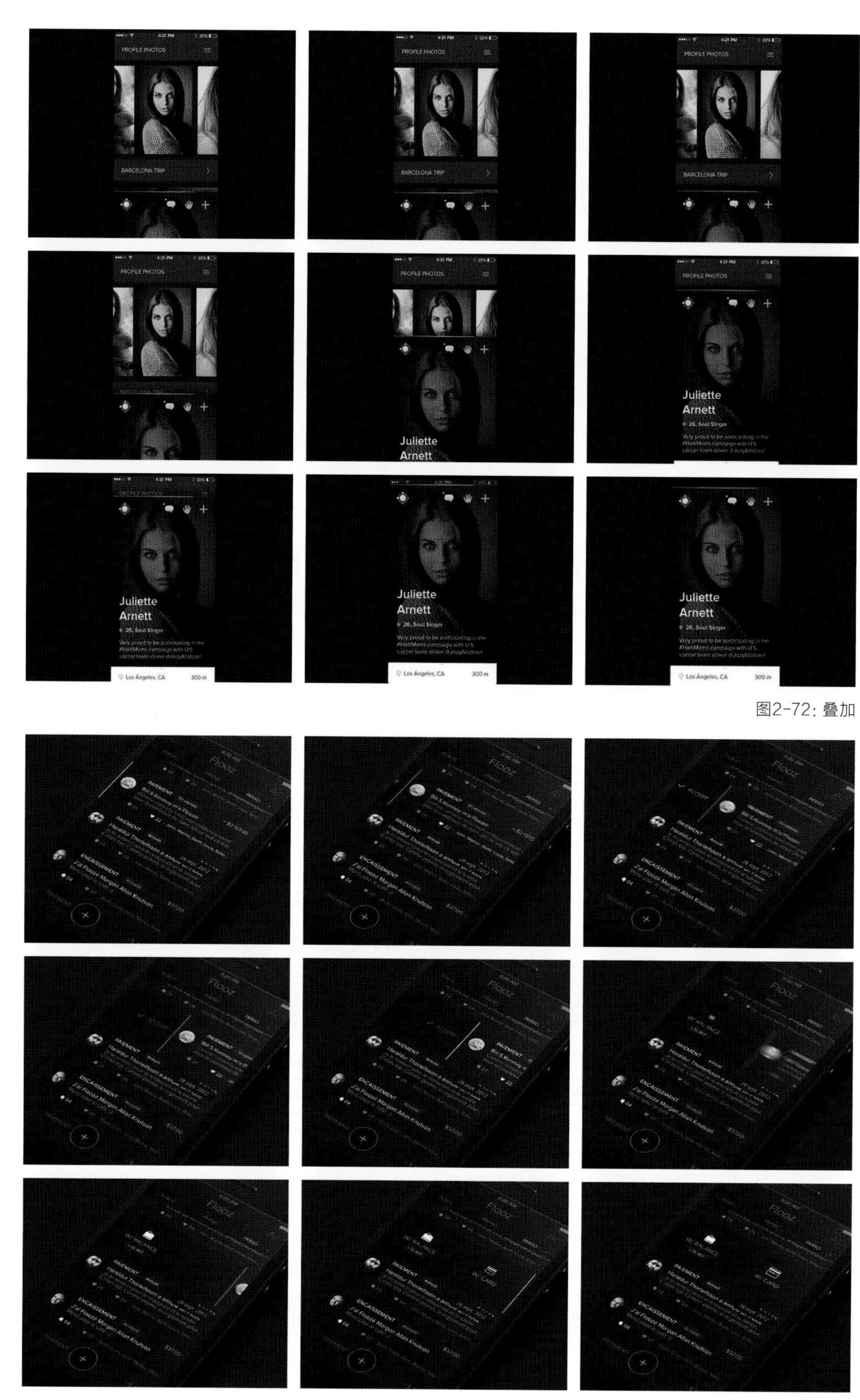

图2-72: 叠加

图2-73: 父级关系

5. 视差

视差效果多用于复杂信息的显示和隐藏，又或是很长一条列表按键的展开和折叠。由于界面展示面积的限制，内容复杂的庞大信息无法在一屏完整地呈现。视差效果能够很好地解决同一层级中更多详细信息的完整呈现，避免为了展示更多信息进行同一层级的页面跳转所产生的层级关系混乱感。图2-74所展示的是，通过长按与上划的操作来呈现更多关于图片的详细信息，以及其他用户对于此图片的评论。同时，用户还可以通过下滑和点击关闭功能来隐藏复杂信息。这是一个非常经典的通过有效动态交互，帮助用户简化操作流程，实现更好用户体验的案例。

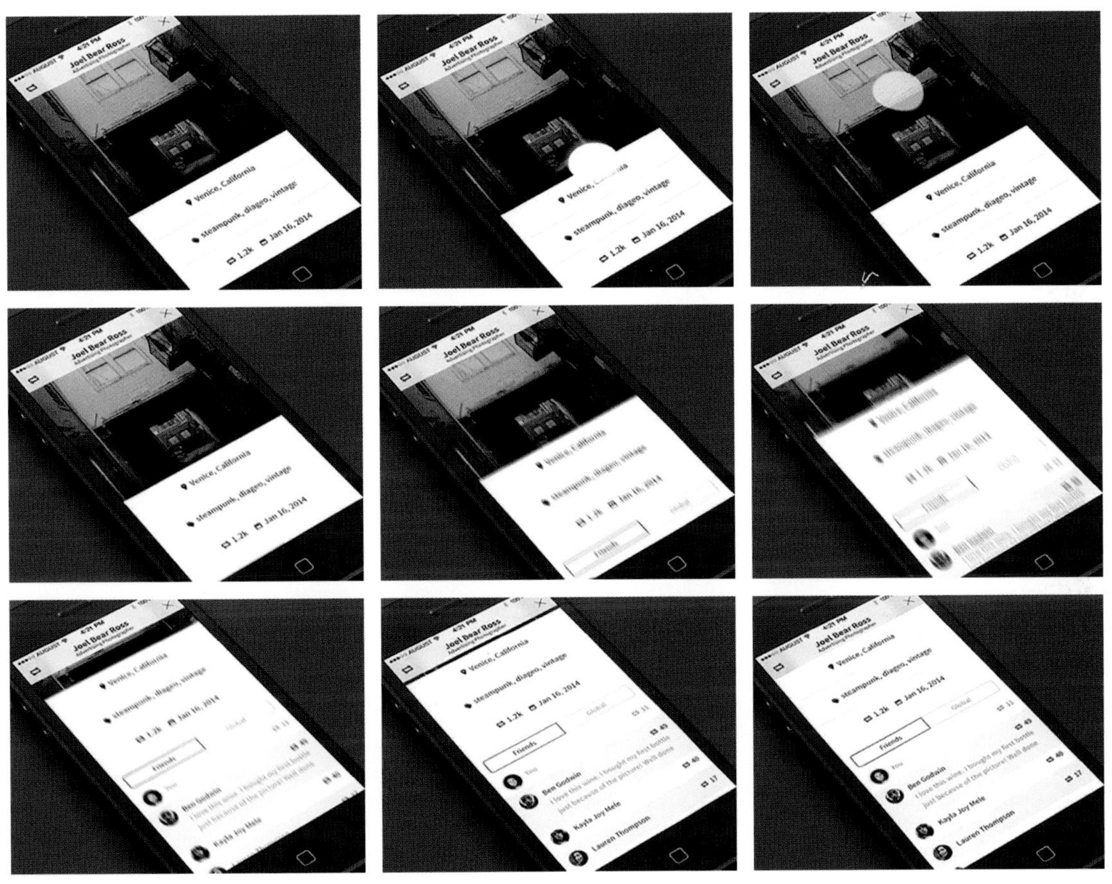

图2-74：视差

6. 数值变动

数值与图表的信息变动也非常常见。这样的动态效果能够让界面变得生动有趣，可以让用户非常直观地感受到数值的增加和减少，以及数值变化的幅度和速度（图2-75）。

7. 偏移与延迟

偏移与延迟动效可用于按键与按键之间的转换，以及并列内容之间的逐一出现。通过图2-76的案例，我们可以发现，偏移动效将更多功能从一个按键中释放出来，并通过每隔一小段的时间延迟动效将三个不同的并列功能逐一列举。这种方式能够将一个按键下的更多功能或信息呈现得十分清晰。

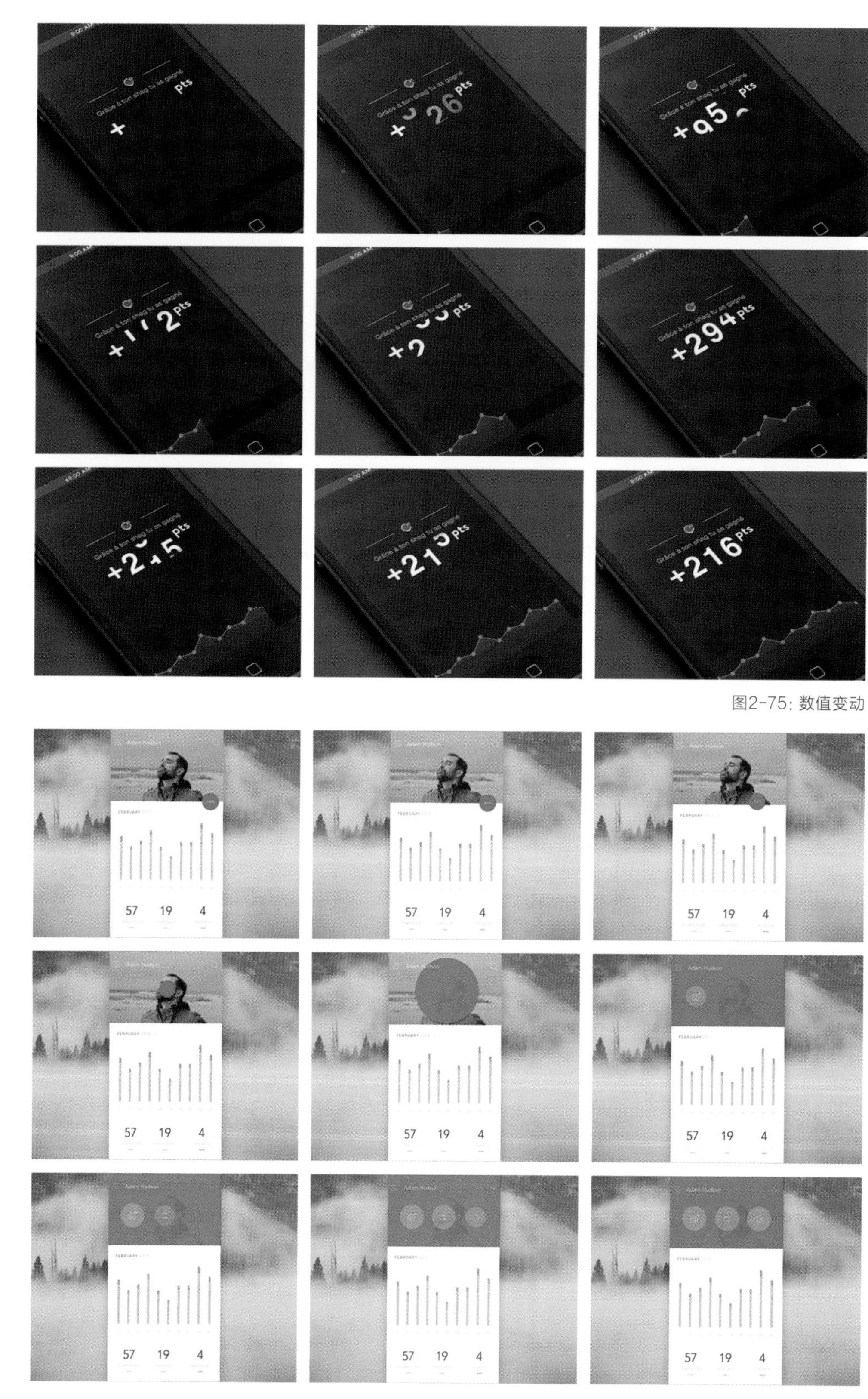

图2-75：数值变动

图2-76：偏移与延迟

8. 克隆

克隆动效是另外一种从一个按键中释放更多功能的视觉呈现方式。它与偏移延迟动效类似，此类动效的设计目的都是为了让用户能够从一个按键中释放出更多功能。图2-77的案例运用类似细胞分裂的方式，生动地展现了克隆过程，对于按键功能的诠释也做得非常清晰。

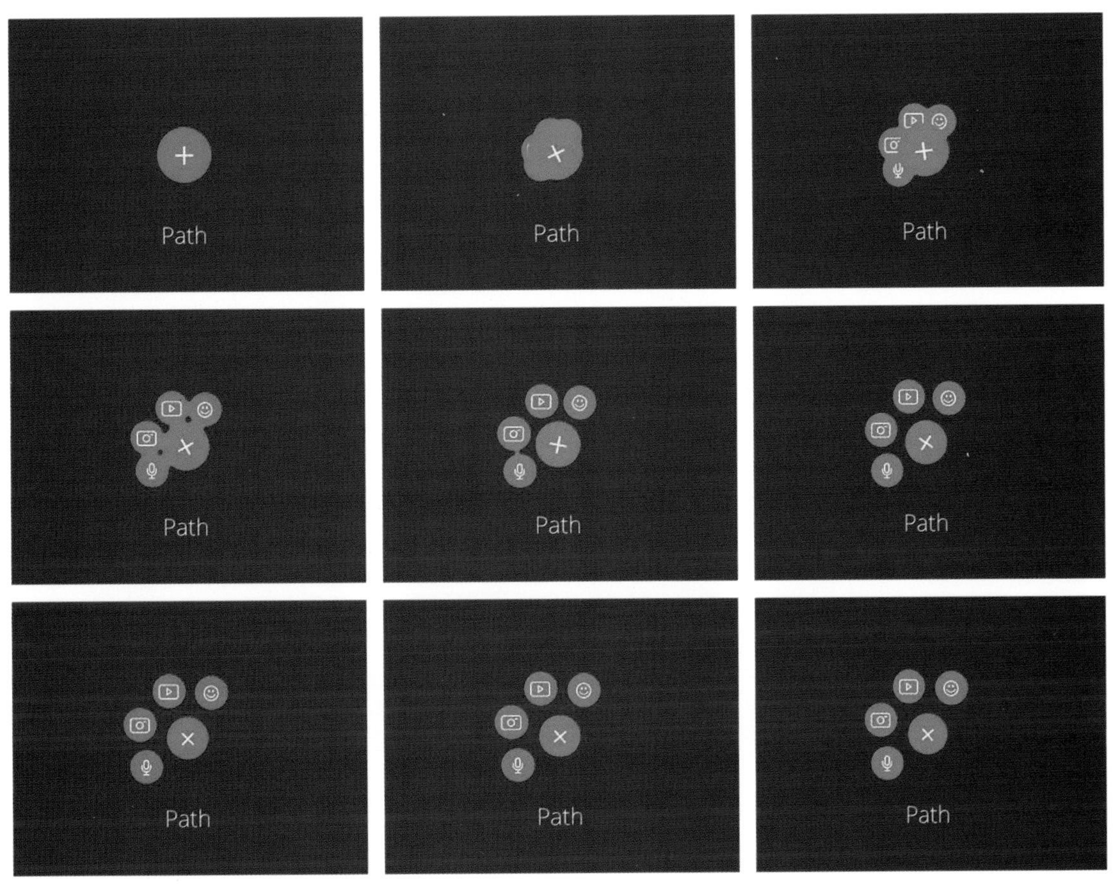

图2-77：克隆

●●●○○ 中国移动
9:41 AM
58 %
军工路校区第一教学楼
开放时间 7:00am~22:00pm
96 M
1分钟
1分钟
路线
详细信息
查看校园建筑布点

真正好的界面设计不仅需要具备令人愉悦的视觉效果，更重要的是注重用户的操作体验。

在第三部分中作者精选了3个在多年教学过程中积累的教学案例，这些案例在新媒体界面设计的学习过程中具有较好的参考意义，希望能够帮助读者在此领域的设计过程中获得更多的启发。

欣赏表达

第一节 "@上理"案例详解

一、案例背景介绍

"@上理"为上海理工大学出版印刷与艺术设计学院视觉传达专业2019届本科毕业生朱安琪的毕业设计作品。通过第二部分对于各个具体知识点的介绍，作者希望在此章节中用此案例来完整地呈现新媒体界面从创意诞生到完成视觉设计的整个过程。此案例获得当届的优秀毕业设计，这款校园导航APP将最主要的用户群体设定为入学新生，通过有效的功能设置和简明的操作流程，在指路的同时帮助新生熟悉校园环境、了解校园文化、认知上海理工大学优秀历史建筑的前世今生。界面中除了表现力极强的图形元素让人印象深刻之外，其合理的控件布局与流畅的操作体验都是此作品的亮点。

二、创意的产生

"@上理"的灵感来源于朱安琪一次办理本科成绩与学分认定的坎坷经历。她通过询问身边同学以及查询学校教务处网站都无法获得准确的办理方法。在这样的情况下，她希望有一款专属于上海理工大学学生的APP，能够将学校各网站中的信息进行整合，例如具备各职能部门的业务办理流程信息，等等，来为学生提供便利的服务咨询。基于这样的需求痛点，"@上理"的产品目标初步确立。

通过对身边广大用户群体的采访与调研，案例作者为产品制定了以下核心功能。新生常常会在硕大的校园中迷失方向，为初来乍到的新生提供便捷的导航服务，让他们更快速地熟悉校园环境是APP的首要任务。众所周知，上海理工大学军工路校区有很多历史建筑，这些建筑组成了沪上高校最大规模的历史建筑群，它们承载着百年校园故事，这是我们的宝贵财富，"@上理"中将包含每个历史建筑的详细介绍和历史人文故事，用这样的方式让学生们更直观地感受校园文化，促使学生更加了解和热爱他们的学校。学生在校园生活中会经常遇到生活问题，如不知道去哪办理寝室电器保修、补办学生证等等事项，"@上理"可以整合这些信息资源，方便学生查询。在学生繁忙的学业之余，"@上理"可以为他们提供校内文化活动整合信息，让学生第一时间了解近期的校园演出和讲座信息等，丰富他们的校园生活。

三、用户需求与产品意义

"@上理"的适用人群被设定为上海理工大学新生、在校师生、外校老师、校友。其中，新生与外校老师可以通过APP导航到达宿舍楼或学院楼，在校师生可以通过APP搜索需要办理的业务名称，快速引导至该业务办理的地点。同时，APP还可以为在校师生提供包括大礼堂或音乐堂的演出信息、格致堂的讲座信息等，为师生提供丰富的校园生活资讯。“@上理”作为一款导航类APP，在以导航为主导功能的同时整合了上海理工大学信息资源并实现数据共享，方便学生查询。APP中所包含的每栋保护建筑的人文历史信息，可以让学生们更加直观地感受到学校浓厚的校园文化气息，激发学生的爱校情怀。

APP融合艺术、文化与服务为一体，在加强了用户体验的同时，还能够实现“校园可漫步、建筑可阅读、文化可触摸”的理念。“@上理”APP作为上海理工大学专属APP，力求讲好上理故事、展示上理形象、传播上理精神，使学生发现上理之美，感受上理的文化内涵。

四、案例分析

1. APP操作流程与线框图绘制

通过对用户需求与APP中主要功能的分析梳理，作者首先尝试通过手写流程草图的方式（图3-1），对APP的操作流程进行初步规划。APP由“查看地图信息”以及“使用路线引导”两部分主要操作流程组成。通过在首页中输入登录信息，便可进入到默认以地图为主要画面的页面中，并在地图主页中可进行一系列更为深入的操作。

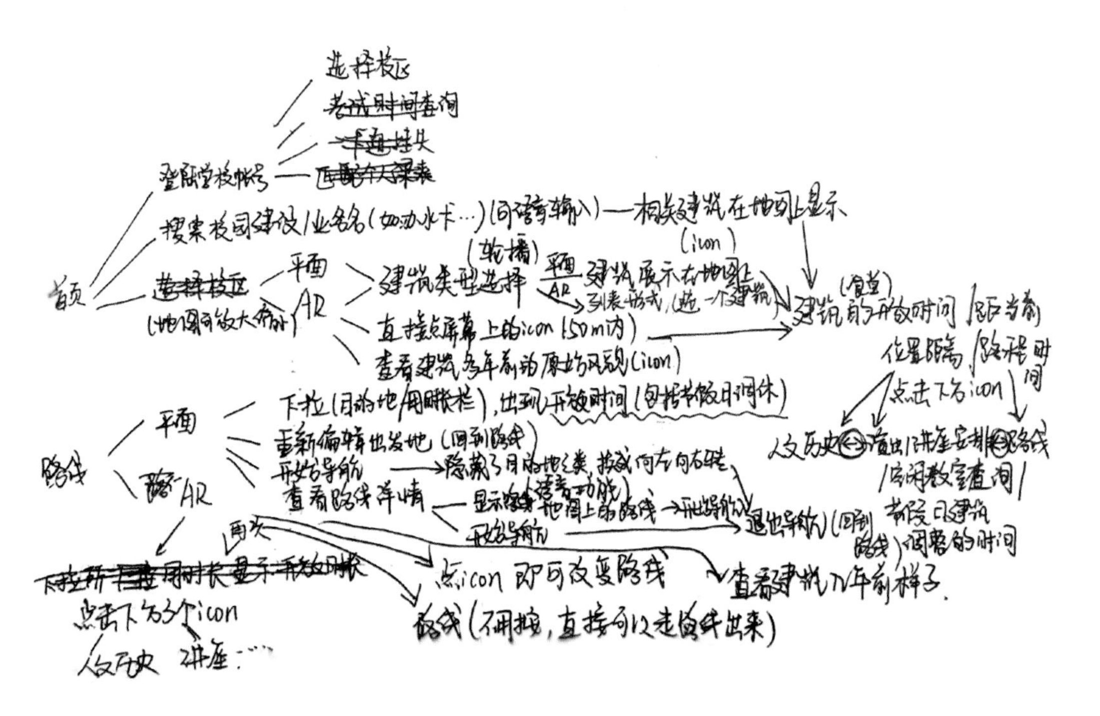

图3-1：手写流程草图

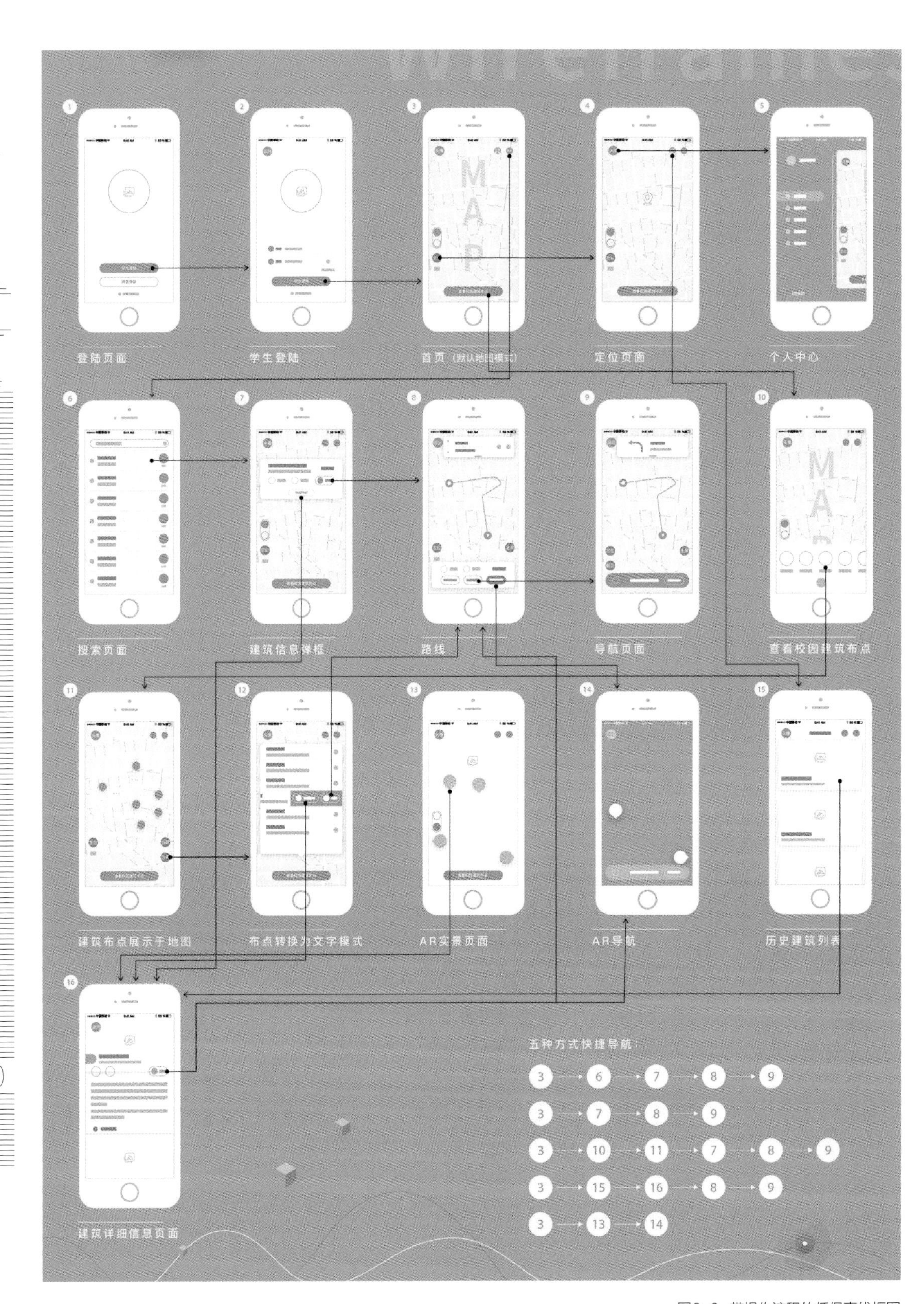

图3-2：带操作流程的低保真线框图

在操作流程草图的基础上，作者开始对界面内容进行下一步的规划整理，并绘制界面的低保真线框图，同时在线框图中标注操作流程（图3-2）。为了增强用户的易学性，作者通过使用详情弹出层的方式，尽可能减少页面跳转与刷新的频率，在简化用户操作步骤的同时，使得页面的层级与空间关系更为清晰。其中，导航核心功能页面可以通过五种不同方式进入，最快流程仅需三个步骤就可到达导航页面。

在开始高保真原型图的设计之前，作者还需要收集上海理工大学军工路校区地图全貌素材，上海理工大学各职能部门的业务内容、办公地点、联系电话，学校历史建筑分布及其人文历史故事与建筑特点，校园内建筑分类方式，音乐堂、大礼堂演出信息等若干资料。

2. 设计原则与视觉定位

作者在进行“@上理”的界面与交互设计时遵循以下五大设计原则。

（1）明确功能目标

用同理心做设计，深入了解用户内心感受。针对上海理工大学广大师生的实际需求，制定专属于校园师生的APP。

（2）减少繁琐操作

用更多的弹出层代替页面跳转来减少用户的操作步骤，提高APP的易学性与便捷性。

（3）增强用户反馈

增强界面对用户实施交互操作后的实时反馈，使用户随时了解系统的运行状态。

（4）注重标准统一

使用统一的设计语言进行整体界面设计，其中包括统一的操作方式与规范的视觉元素应用，在保证整体视觉风格统一的同时，又可以增强APP的易学性。

（5）确保简洁清晰

省去界面中不必要的干扰元素，做到化繁为简，使重要信息得以凸显，提升界面的清晰度与品质感。

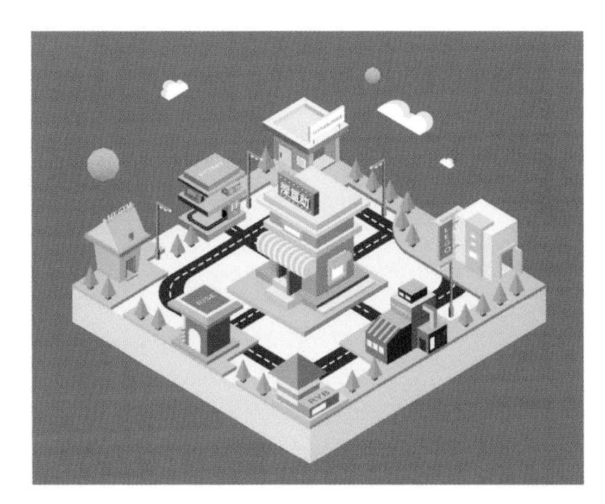

图3-3：2.5D设计参考

图3-4：2.5D设计参考

通过一系列设计尝试，作者决定使用2.5D的表现手法来绘制上海理工大学本部北校区地图与建筑元素（图3-3、3-4）。作者认为这种表现方式能让复杂的建筑构造在有限的界面空间中得到全方位展示，还能有效地增强建筑细节的清晰度与立体感，达到提升界面整体视觉表现力的作用。作者希望使用橙色来作为界面的主色调，从而彰显当代大学生所具备的青春活力与积极向上的精神面貌，同时配以学校官方VI中的标准红来绘制建筑，用以体现APP的专属性。

3. 基础图形元素绘制

一套统一的图形元素应用能够有效增强界面的整体表现力。在开始界面的布局设计之前，我们通常需要先确定界面的整体视觉风格，运用合理的手段来绘制界面中所需要应用的各类基础图形元素。在此案例中，作者尝试针对地图与建筑等元素进行重点设计与绘制。

（1）地图表现形式灵感来源

绘制开始前最首要的任务就是需要先确定上海理工大学本部北校区地图的视觉表现形式。地图的表现形式灵感来源于作者常玩的游戏《梦想小镇》（图3-5），游戏中的小镇是以2.5D表现形式进行呈现的，这种形式有效避免了繁杂建筑之间的遮挡问题，视觉表现良好。如今，2.5D表现形式被越来越多地运用在界面设计和海报设计中，这种表现形式相比于繁复的3D建模流程，能够更快速地呈现相对立体的视觉效果。因此，作者希望尝试使用Adobe公司的Illustrator软件来进行2.5D视觉效果的地图与建筑元素绘制。

图3-5：梦想小镇

(2)地图的建筑层级划分

由于上海理工大学北校区建筑数量与类型纷繁复杂，所以十分有必要运用视觉设计的手段将不同建筑按其类别进行层级划分，以达到更快辨识与更精准辨识的目的。此案例作者将第一层级设定为学校的标志性建筑，分别有综合楼、图书馆、第一教学楼、思晏堂、音乐堂、大礼堂、公共服务中心、红塔(图3-6、3-7、3-8、3-9、3-10)。作者使用上理红作为主色，细致刻画这些建筑的外观结构与装饰细节。第二层级被设定为十个上海理工大学历史建筑，作者希望通过明亮的黄色作为主色来传达温馨的视觉感受，并清晰刻画建筑外观。第三层级则被设定为校园内其他建筑，并使用简单的浅灰色立方体呈现(图3-11)。

图3-6: 综合楼

图3-7: 图书馆

图3-8: 音乐堂

图3-9: 大礼堂

图3-10: 红塔

标志性建筑

综合楼、第一教学楼、音乐堂、大礼堂、红塔、格致堂、思晏堂、公共服务中心、湛恩纪念图书馆

历史建筑

选取十个代表性历史建筑

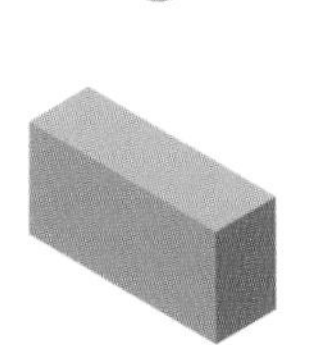

其他建筑

便于区分，其他建筑将用简单立方体表现

图3-11：建筑的信息层级

(3)建筑绘制过程与细节展示

由于2.5D建筑会显示三个面，因此作者需要查询诸多学校航拍照片与平面图来解析建筑结构。作者首先通过手绘草图绘制确定建筑整体展示造型，随之在软件画布中建立30°倾斜角的网格参考线，依靠参考线进行建筑的电子线描图绘制，最后为线描图填充颜色。图3-12至图3-18所展示的是部分从建筑手绘草图到最终建筑图形成稿完成的整体设计过程。

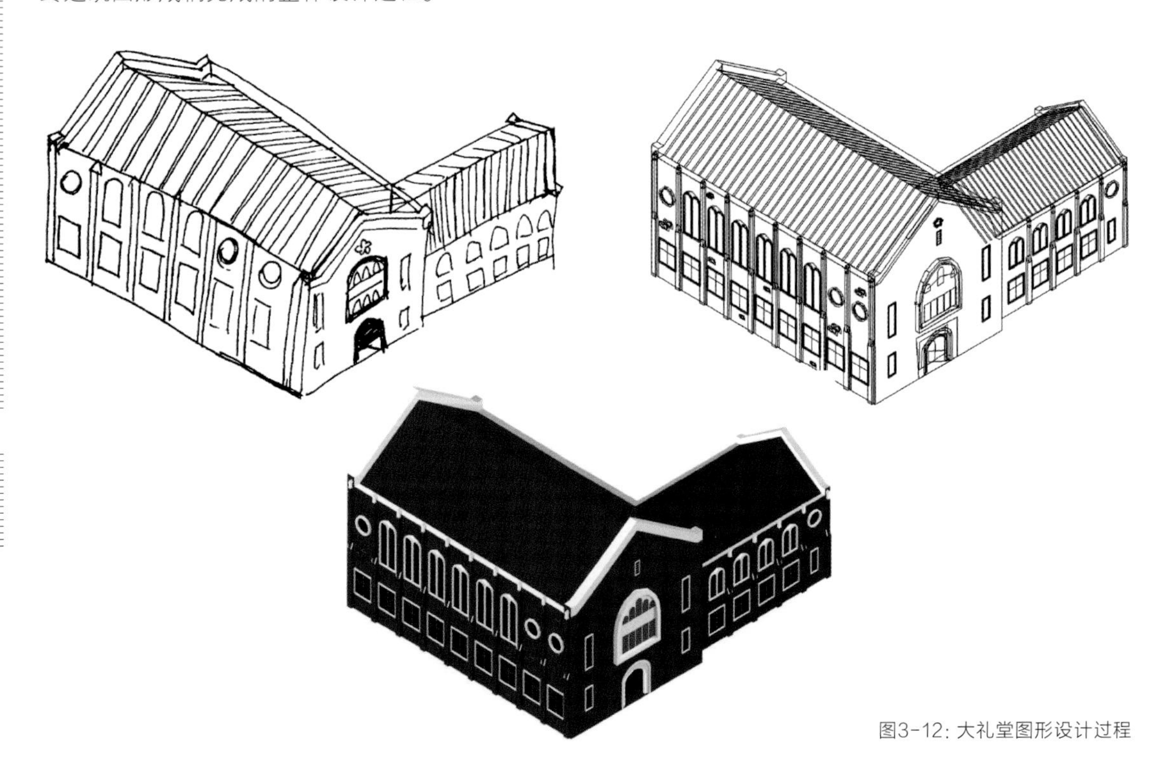

图3-12：大礼堂图形设计过程

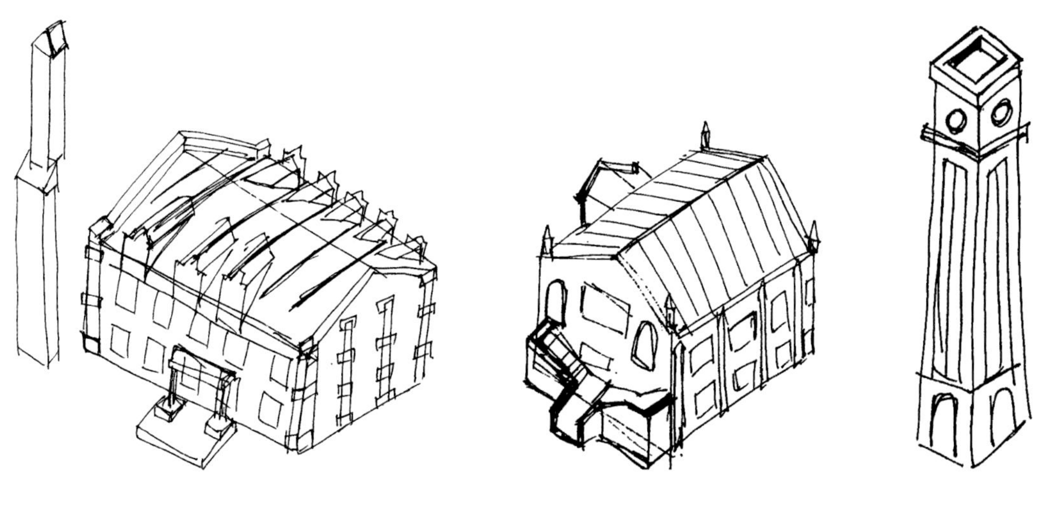

图3-13：其他建筑手绘草图

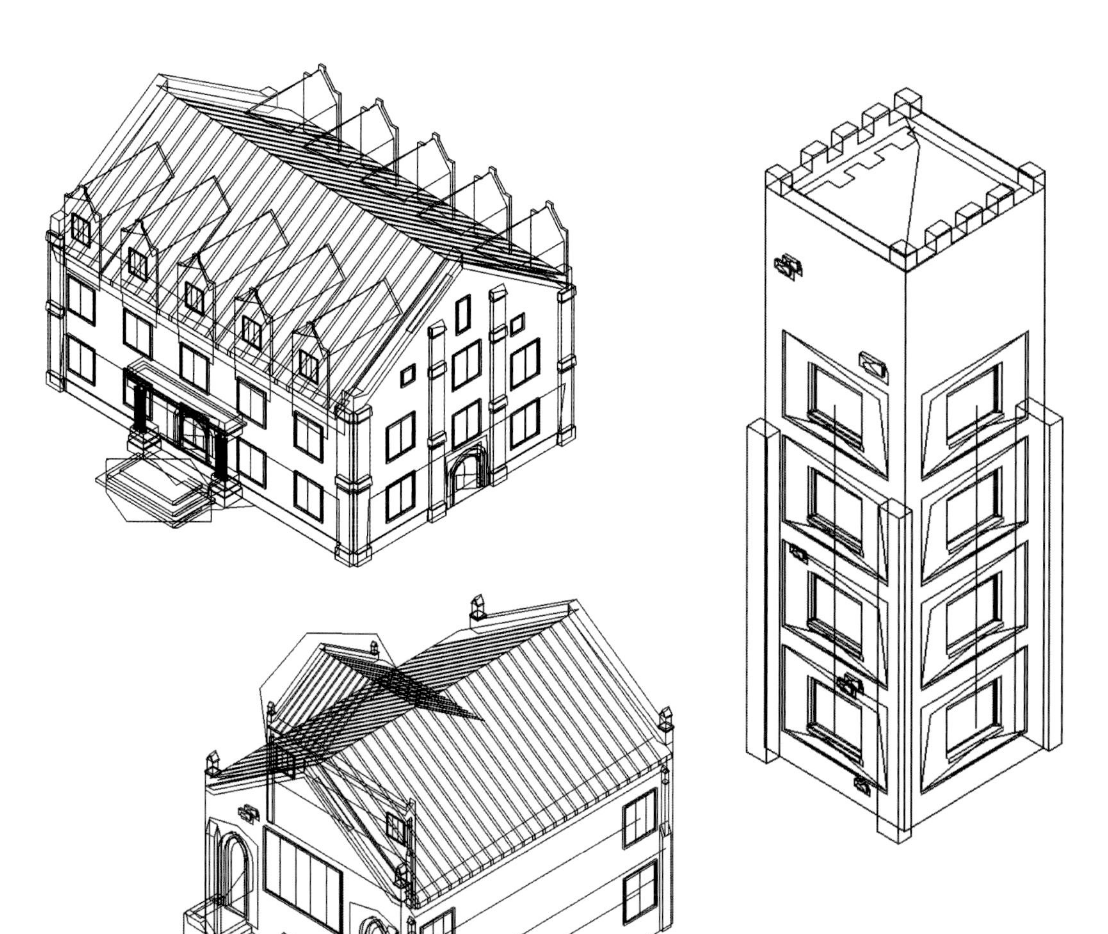

图3-14：其他建筑电子线描图

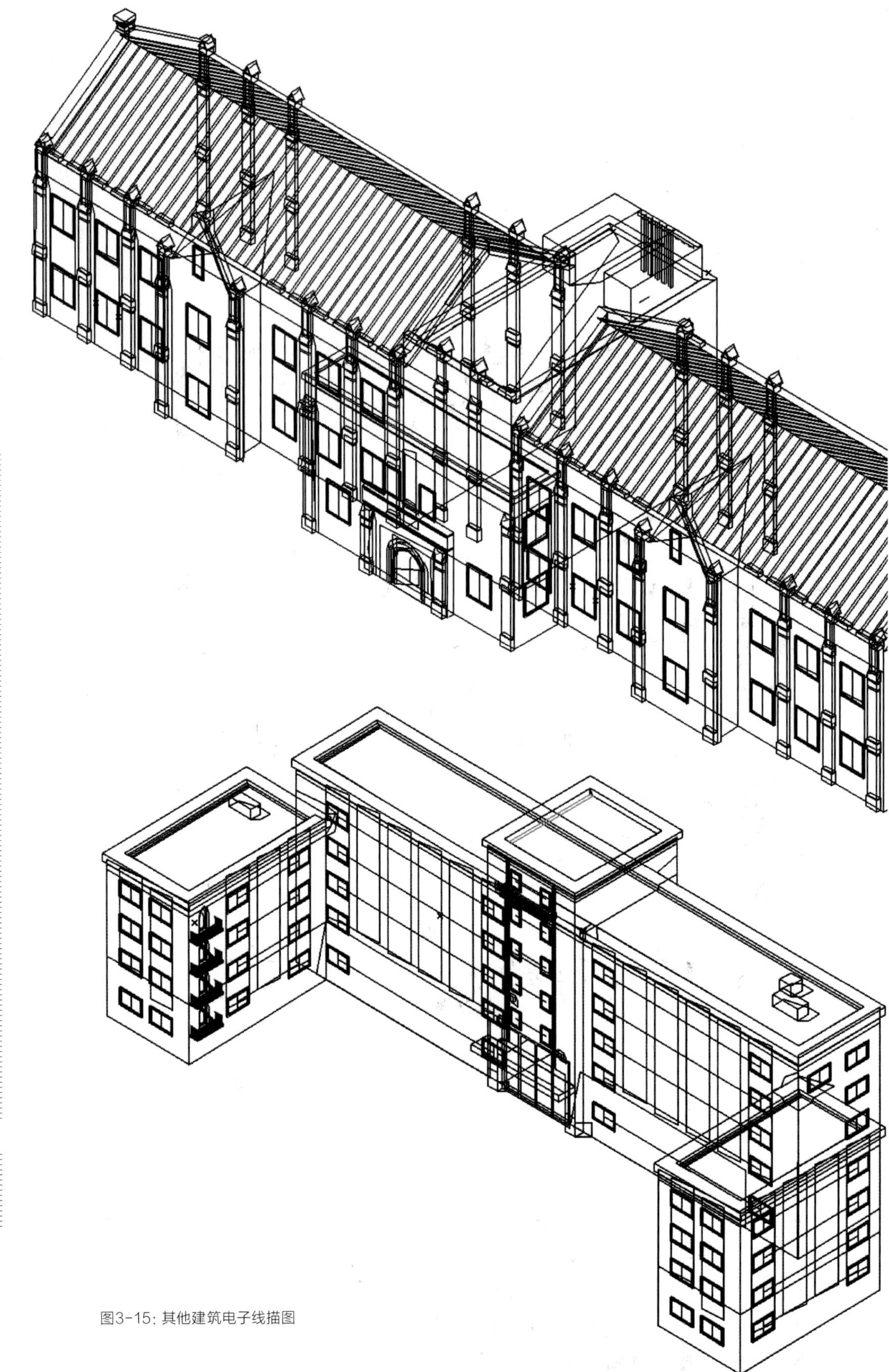

图3-15：其他建筑电子线描图

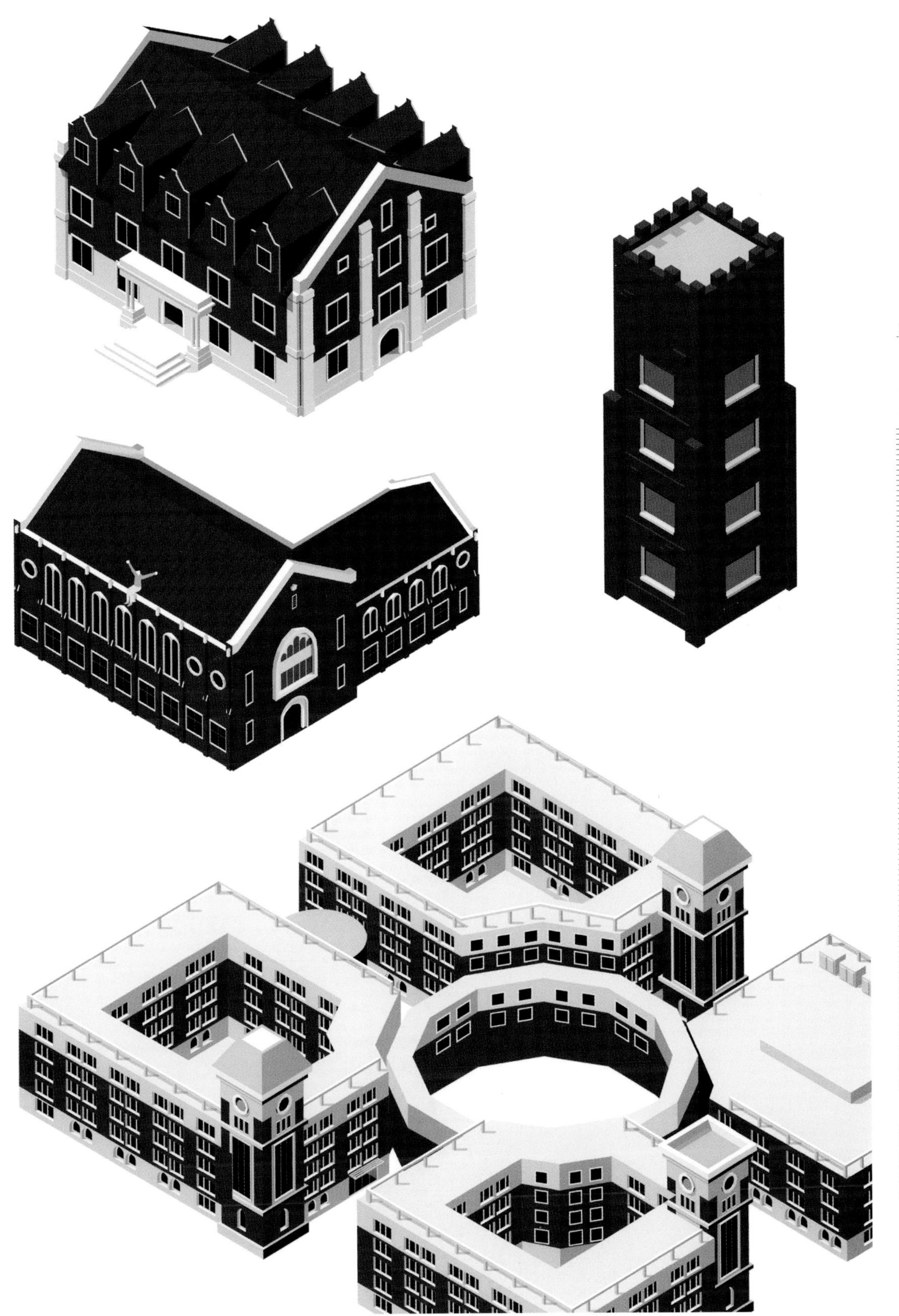

图3-16：建筑图形成稿

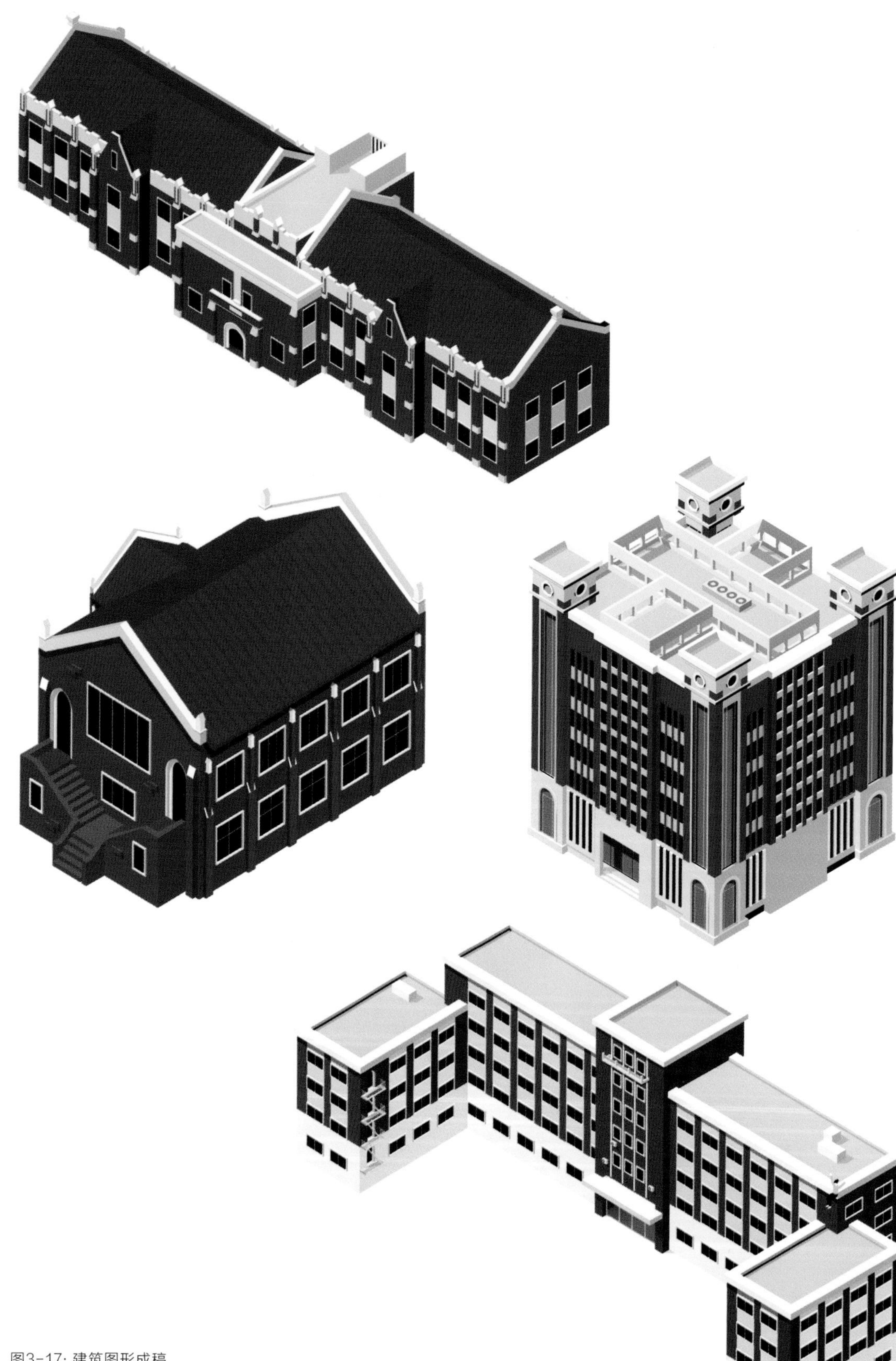

图3-17: 建筑图形成稿

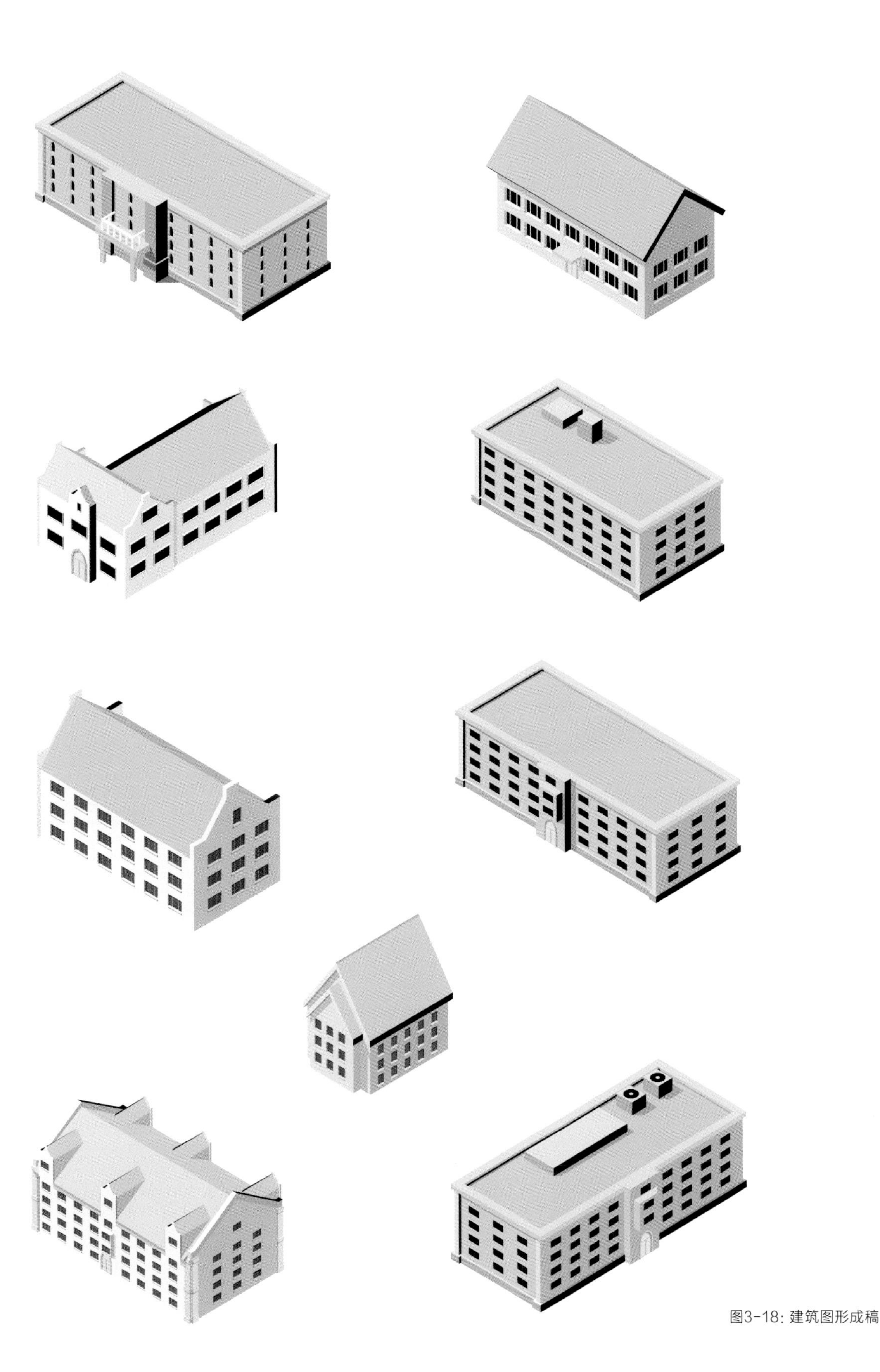

图3-18：建筑图形成稿

(4)地图整体效果展示

为了提高地图的整体性，作者除了绘制建筑本体之外，还针对上海理工大学北校区的标志性校门、校园绿植、运动场地等实际校园环境进行了精心绘制，并在地图中添加了各类不同造型的人物形象，以提高地图的视觉丰富感与活泼感，进一步增强地图的精致度（图3-19）。

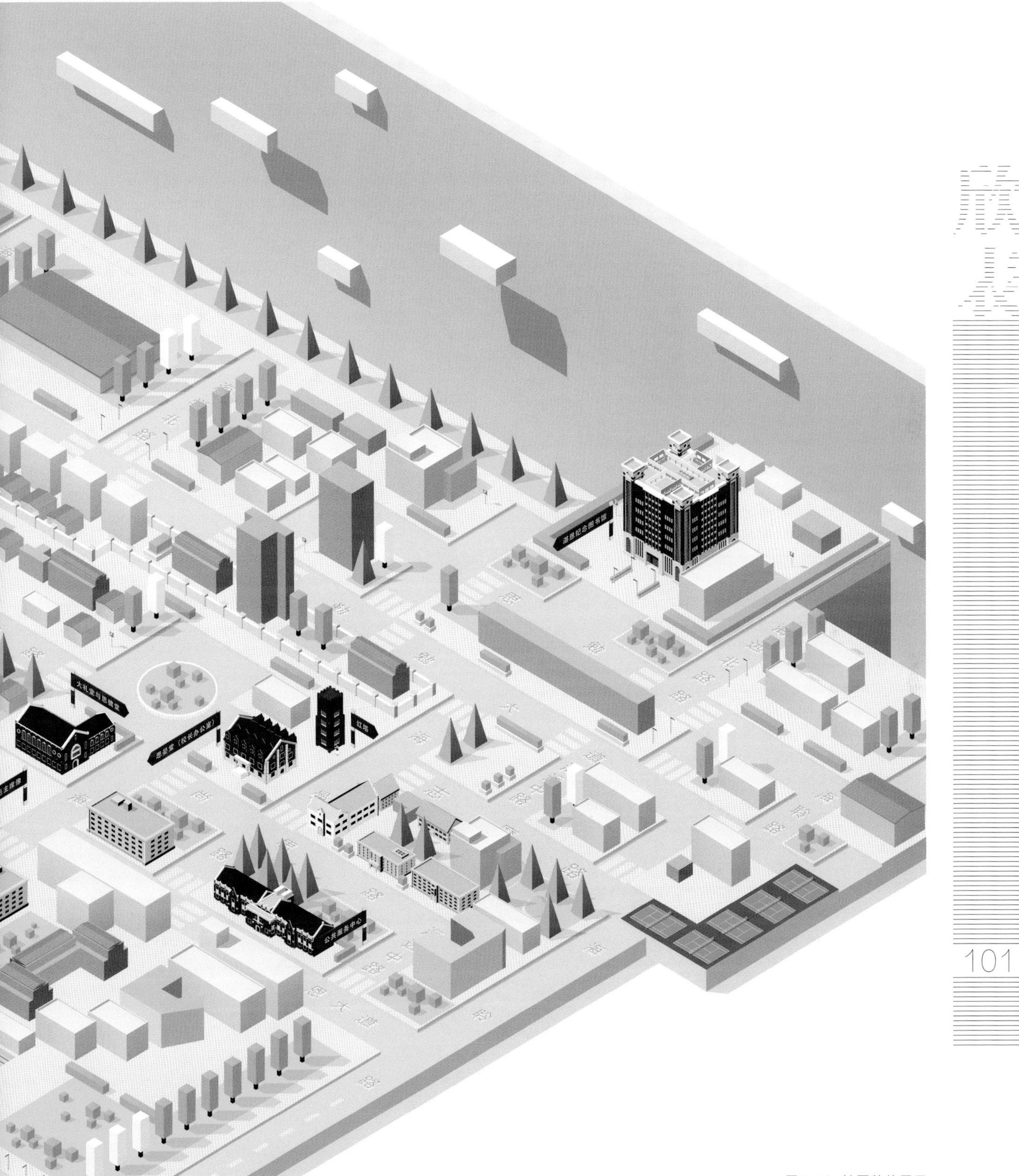

图3-19：地图整体展示

4. 图标与规范

（1）启动图标

“@上理”的启动图标同样采用2.5D表现形式进行呈现（图3-20），视觉风格与地图界面保持一致。图标主体选取上海理工大学英文缩写“USST”进行图形化设计，作者在字母中融入学校标志性建筑上的窗户、门、屋檐、立柱等元素，对字母进行细节装饰，并采用上理红作为启动图标的主色。这样的设计能够给用户留下深刻的第一印象，使APP独具上理特点，符合上理气质，增强产品的专属性。

图3-20：启动图标

（2）功能图标

界面中建筑布点功能图标的设计风格同样是2.5D表现方式，选用上理红作为主色，细节刻画精致，符合上理建筑的特点。图3-21为建筑布点功能图标的设计草图，图3-22为最终成稿。界面中其他普通功能性图标则采用线性的表现方式，遵循图标设计的易识别与视觉统一原则，用图形方式传达图标的功能特点。

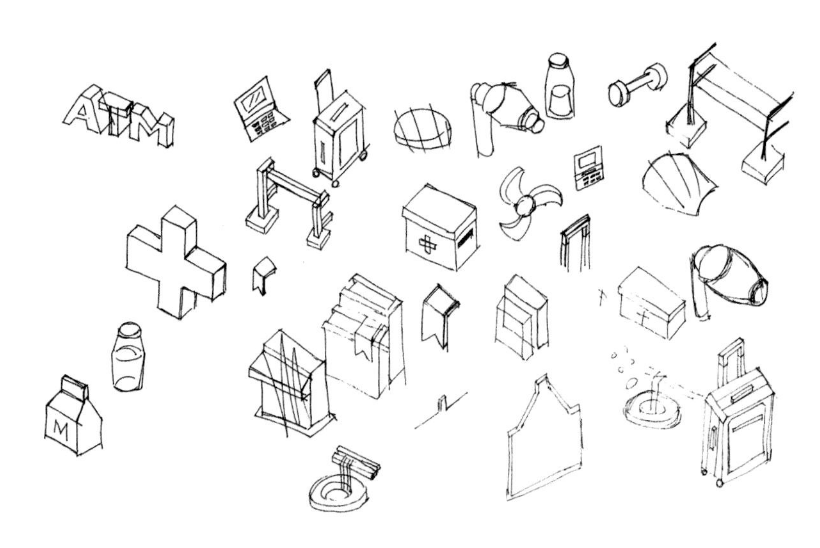

图3-21：功能图标草图

图3-22：功能图标成稿

（3）设计规范

“@上理”APP界面的颜色主色被设定为不同色值的橙色，橙色能很好地表达当代大学生的青春活力与积极向上的精神面貌。作者将辅助色设定为上理红，对界面中需要着重展现的图标或文字内容用辅助色进行着色，使重要内容能够更为醒目，且具备上理特点。界面中所呈现的汉字统一使用苹果公司提供的苹方简体，英文字体则被设定为Source Sans Variable。字体的选取是基于统一、清晰、便于阅读的原则（图3-23）。

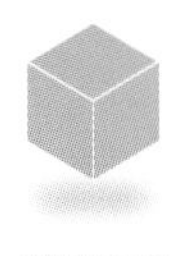
#F5B342

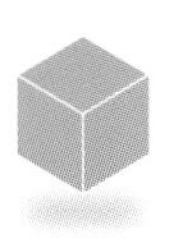
#F3A52E

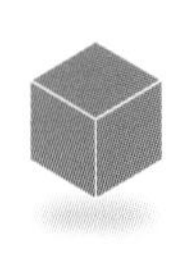
#E37935

#AE1E2F

Colors & Typography

Aa
Regular
苹方–简

Aq
Semibold Italic
Source Sans Variable

图3-23：标准色与标准字

5. 主要页面设计

(1)引导页设计

作者提取APP界面中的功能控件与图形元素在引导页中进行展示，并配以文字说明，达到让用户快速掌握APP核心功能信息的目的(图3-24)。引导页的视觉设计采用色彩对比原则，将灰度化的地图与界面主要元素形成色彩对比，在提升视觉效果的同时，又能增强界面层次结构，达到突出重点信息的目的。

图3-24：引导页

(2)登录页设计

登录页使用了弹出层的功能布局，使学生登录功能与游客登录功能够在同一个页面上进行自由切换，减少了不必要的页面跳转(图3-25)。

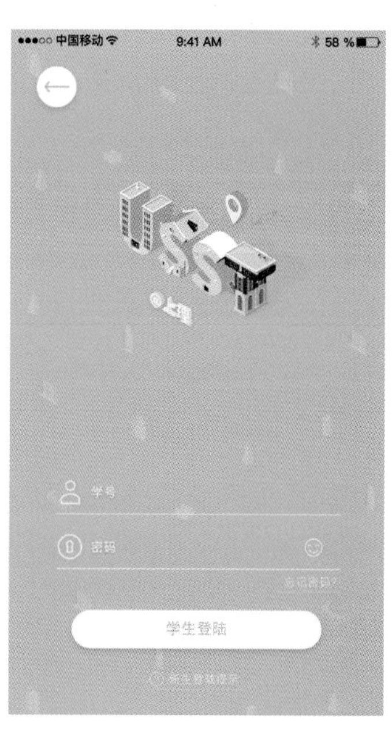

图3-25：登录页

(3) APP首页设计

图3-26所展示的是登录APP后的首页界面，首页通过悬浮于地图之上的控制按键，为用户提供了“查看建筑布点、定位、地图模式切换、搜索、收藏、我的”功能。相比在界面顶部与底部设置导航栏与标签栏的常规方式，作者所采用的这种按键设置方式可以在方便用户操作的同时，更大程度地增加地图在界面中的有效呈现空间，提高用户查看繁杂地图信息的效率。在“地图模式切换”“定位”功能按键的设计上（图3-27），作者运用更换按键背景色的交互方式，为用户实现功能切换后的操作状态反馈。按键处于深色底时为被选中状态，浅色底则表示未处于该功能状态。这样的实时状态反馈能让用户随时了解当前的功能状态。

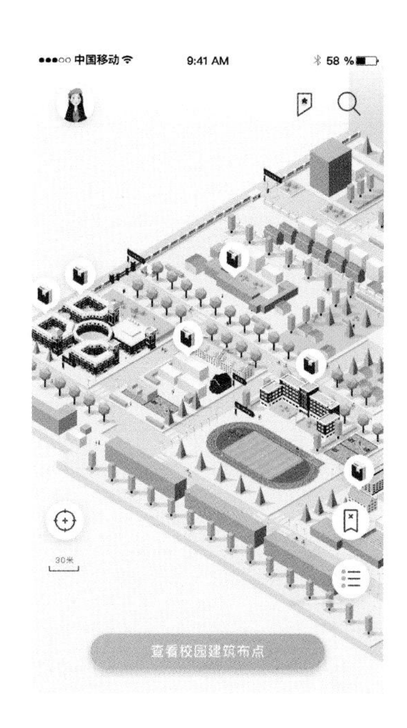

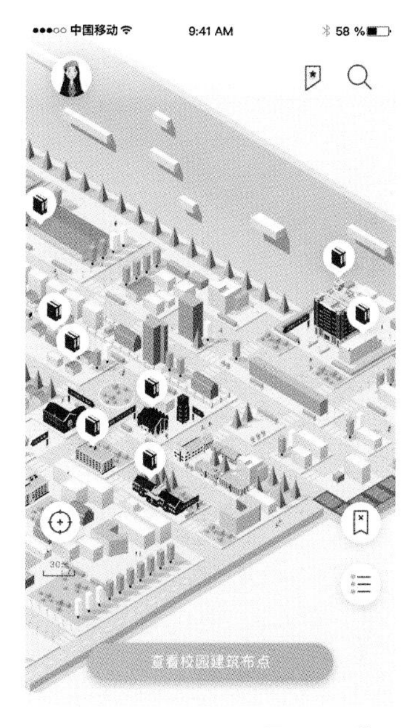

图3-26：首页

(4) 校园建筑布点页面设计

作者用界面底部的“查看校园建筑布点”按键取代了传统的标签栏功能，这个橙色的按键可以被理解为是一种“CTA按钮（行为召唤按键）”（图3-28）。点击此按键后，一个交互弹出层会从界面底部向上弹出（图3-29），用以实现选择建筑类型的功能。例如选择行政机构类型按键后，该建筑类型便会在地图中以气泡图标的形式出现在对应的建筑顶部（图3-30），用以对地图中该类型的所有建筑进行标识。地图中的气泡图标也可通过按键切换成文字列表形式（图3-31），通过多种操控方式增强用户体验。在以上功能的交互过程中，作者通过流畅的过渡动画设置，来实现同一页面中不同弹出层的显示切换。

图3-27：首页功能按键

图3-28：CTA按钮

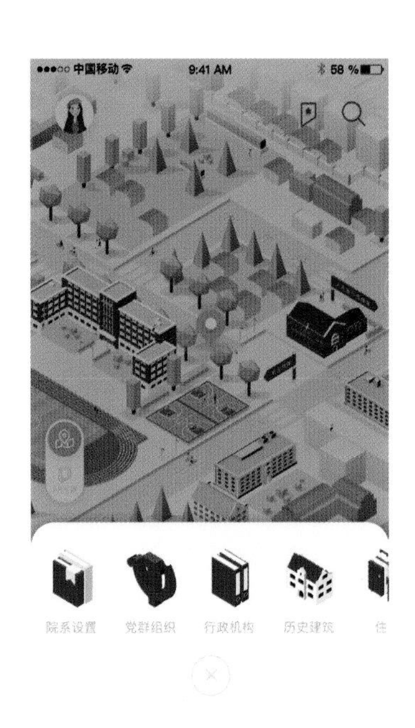

图3-29：底部弹出层

图3-30：气泡图标

图3-31：列表

“CTA按键”的优势在于能够很好地吸引用户的注意力，引导用户做出某种特定的交互行为，加强用户想要点击的欲望。在此页面中设置这样的按键，还可以有效地减少页面的跳转次数，扩大地图在手机界面上的显示范围。

（5）搜索页设计

用户可以通过点击主界面上的搜索按键进入搜索页面，搜索页面会提供默认的热门搜索目的地（图3-32）。点击搜索结果后，页面则会跳转到该结果在地图中的所在位置，同时提供更多相关信息（图3-33），例如用户目前位置与搜索目的地之间的距离，通过步行到达所需要的时长等。用户还可通过点击“详细信息”来显示更多相关内容（图3-34）。在图3-33页面中还设有“路线”按键，用户点击后便可实现开始导航到此搜索目的地的功能（图3-35）。

图3-32：搜索页面

图3-33：目的地搜索结果

在开始导航页面中，作者还人性化地为用户提供了小贴士功能。以公共服务中心为例，在点击页面右侧的灯泡按钮后（图3-36），针对公共服务中心的小贴士功能介绍便会以弹出层形式显现。这样的功能不仅能为APP增加不少用户好感，还增强了视觉表现的趣味性。

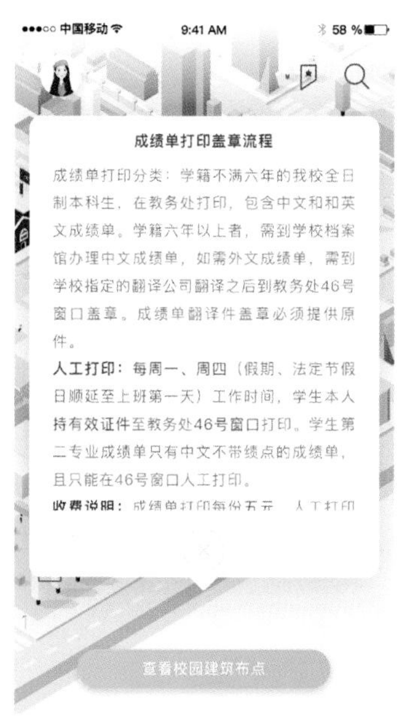

图3-34：详细信息

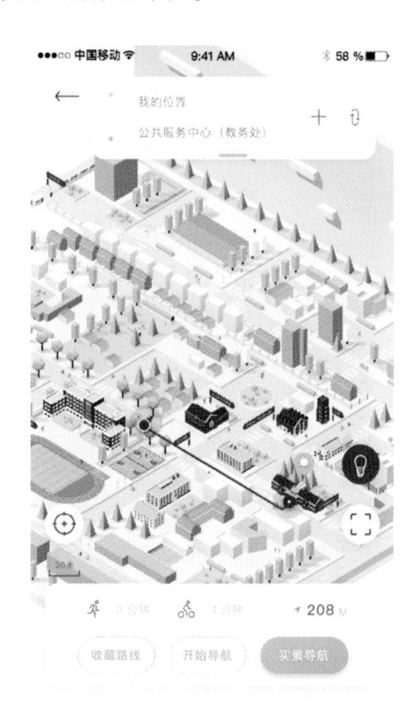

图3-35：开始导航

图3-36：小贴士功能

（6）建筑详情页设计

为了更好地拓展历史建筑板块的视觉深度和可操作性，作者采用了卡片式模块进行历史建筑页面的设计（图3-37）。作者为叠加在建筑照片上的文字添加了阴影效果，使文字的辨识度得以提高，更便于用户进行阅读。作者同时还对保护建筑页面中，人文历史阅读内容的字体、字重、字号、行距等信息做了仔细的设计推敲，在设计过程中注重不同信息层级的类别区分，使复杂信息的主次关系得到更清晰的呈现。此外，上图下文的排版方式也十分符合用户的阅读习惯（图3-38）。

图3-37：历史建筑页面

沪江大学第一座大建筑，取名思晏堂以纪念美国浸会来上海传道的开拓者晏马太博士（*Dr. Matthew T. Yates*）。1907年垫高地基，1908年举行奠基礼，并于年底竣工。1956年遭龙卷风破坏严重，1957年修缮。
原用作教学楼、行政办公室、图书馆、礼堂等。机械学院时曾作现代化教学中心。现为党委办公室、校长办公室办公楼。

图3-38：人文历史阅读页面

(7) AR导航页与AR实景页设计

如图3-39，在进行AR导航的过程中，用户若是希望去趟卫生间或是校园超市，只需要通过点击特定的功能按键，系统便会帮助用户自动改变路线，这样的人性化设计可以更好地提升用户满意度。AR导航页面中的所有交互控件设计，严格遵循了统一性原则，与其他界页面中的控件元素保持一致，这样可以有效降低用户的学习成本。

在历史建筑AR实景页面中，用户可通过长按界面右侧红色按钮，对实景建筑进行扫描，实现实景建筑与建筑历史照片的对比查看，做到在实景中还原建筑历史风貌的视觉效果（图3-40）。

图3-39：AR导航页面

图3-40：AR实景历史风貌还原页面

(8) 个人资料页设计

用户只需点击页面左上角的头像图标，地图页面便会通过右移缩小的交互方式，来呈现个人资料页面内容，还可通过按住地图向左拖拽的方式来返回地图页面（图3-41）。这样的交互方式使得不同功能之间的页面切换变得十分自然，既能减少页面跳转，又使页面间的层级关系得以清晰呈现。个人资料的修改功能可以在弹出层中实现，使用户可以清楚知晓当前所处的流程位置，减少使用过程中的困惑感与疲惫感（图3-42）。

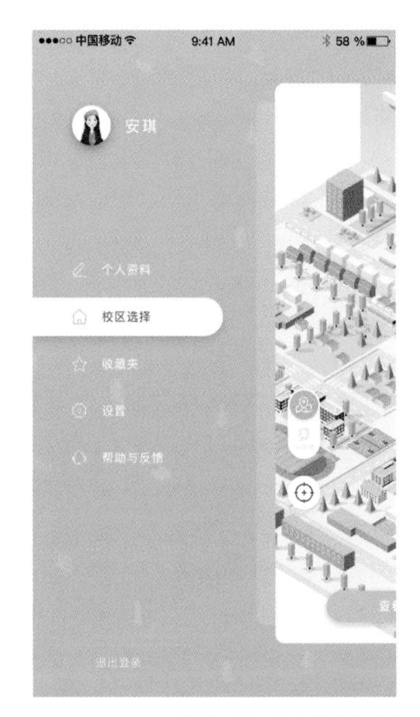

图3-41：个人资料页面

图3-42：个人资料弹出框

五、宣传品与周边产品展示

1. 主形象

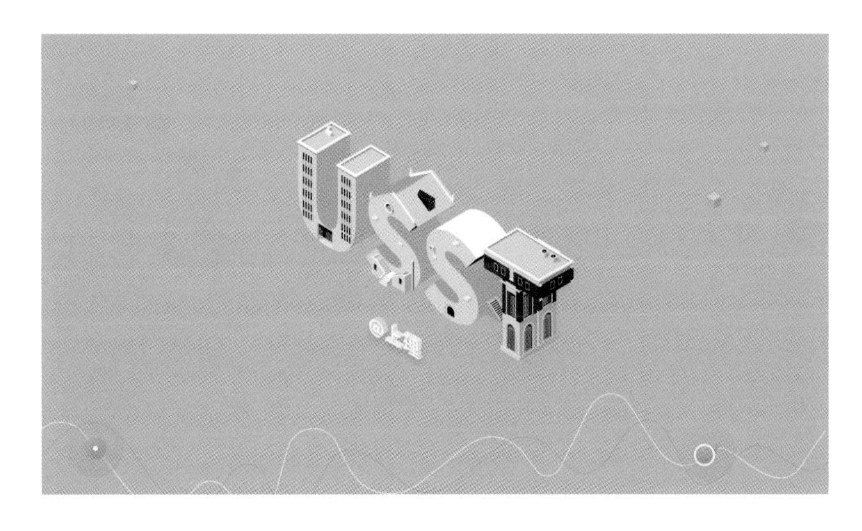

2. 长幅海报

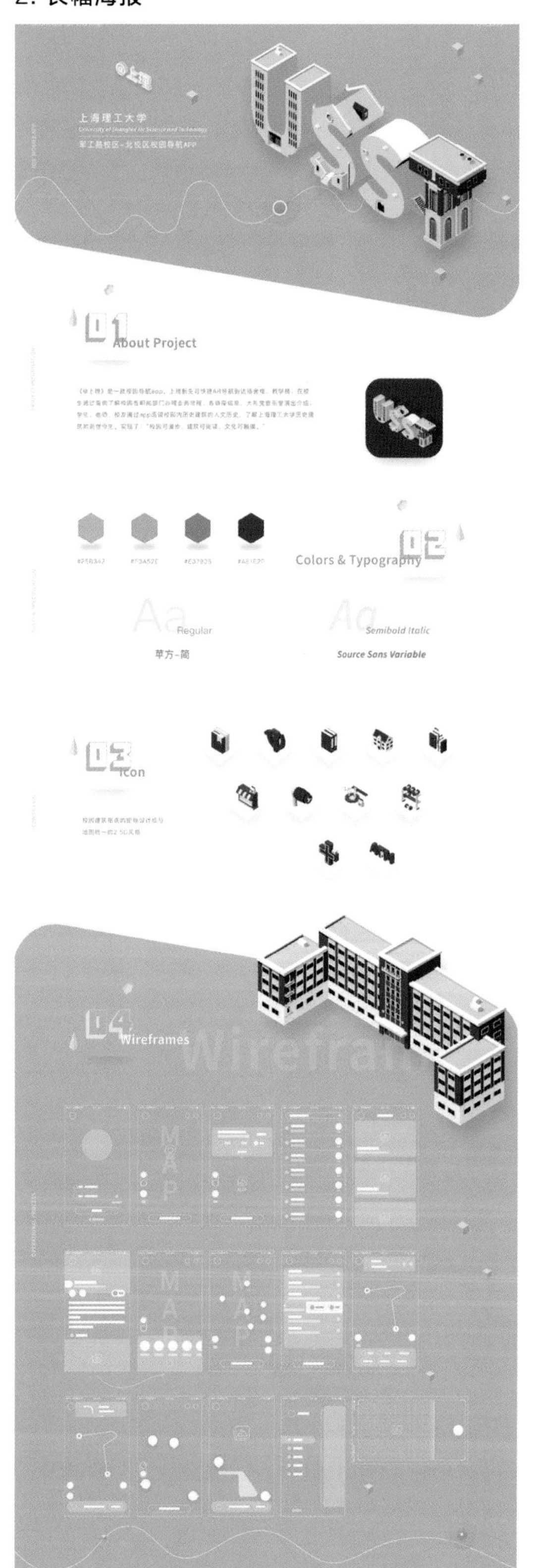
上海理工大学
01
About Project
02
Colors & Typography
Aa
Regular
苹方-简
Aa
Semibold Italic
Source Sans Variable
03
Icon
04
Wireframes

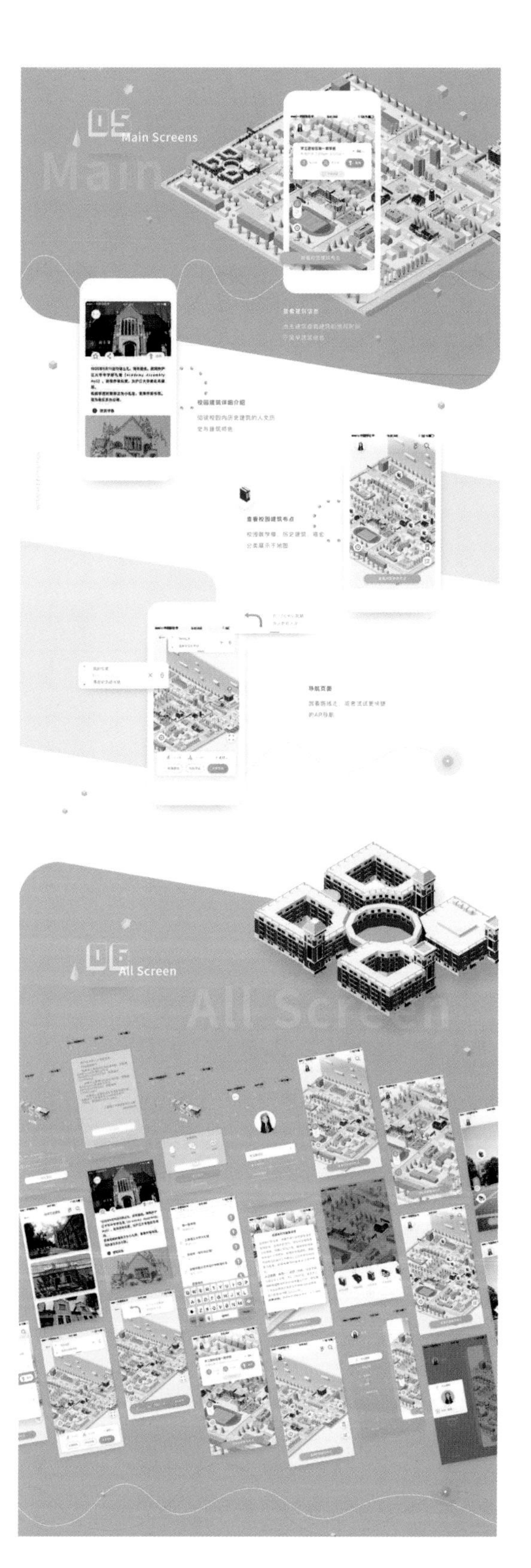
05
Main Screens
06
All Screen

3. 纸质地图

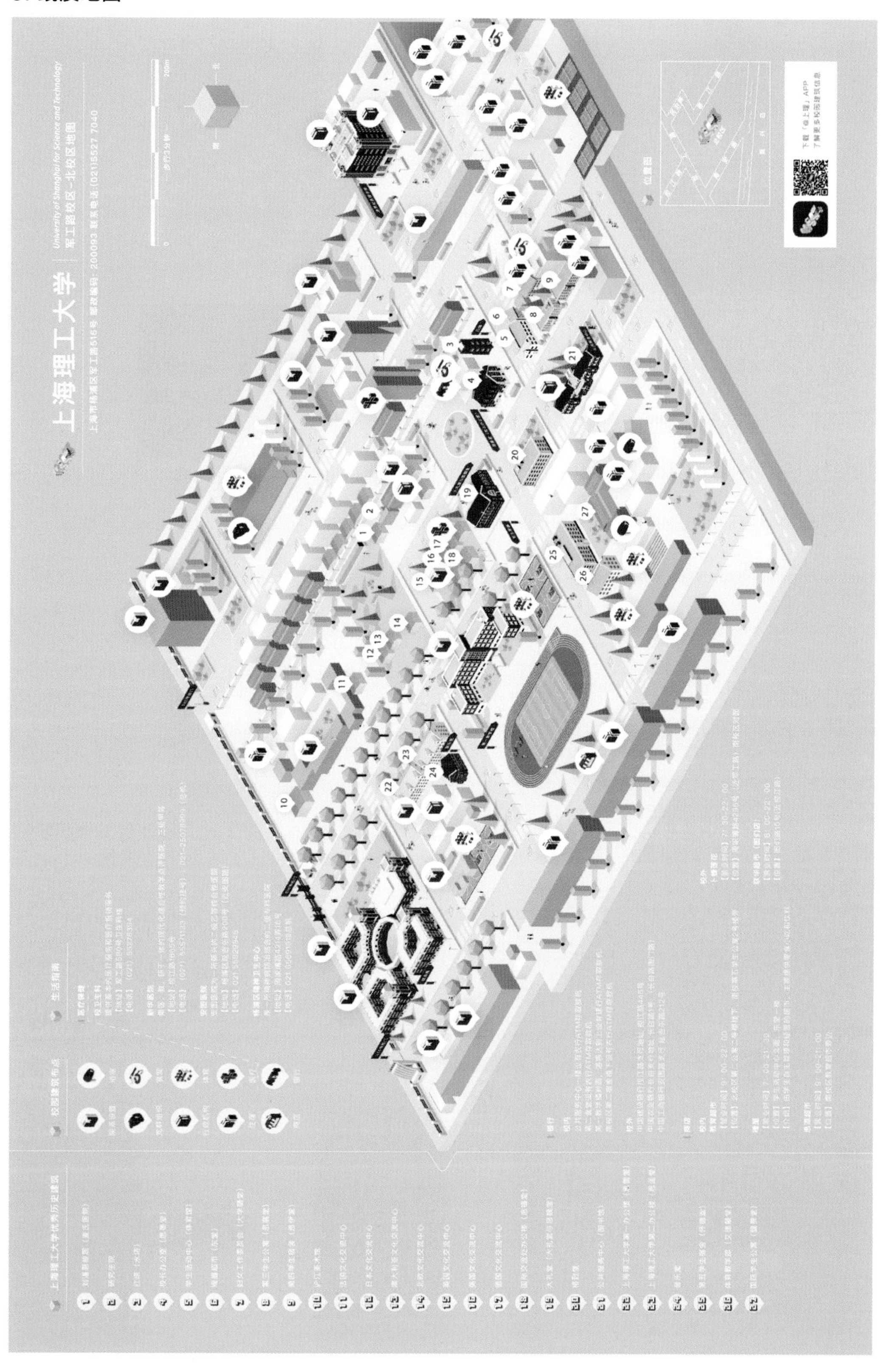

4. 宣传片

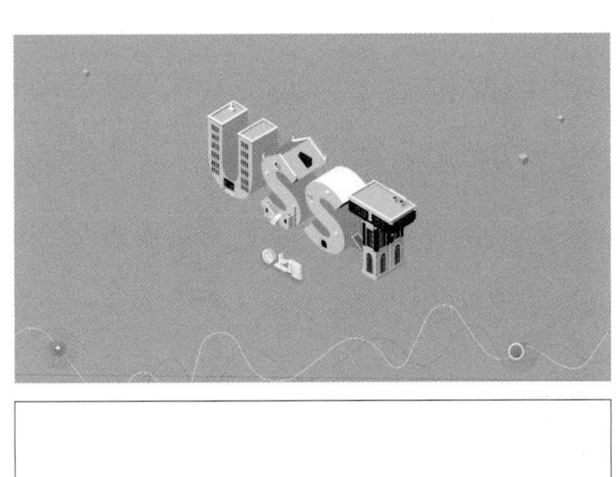

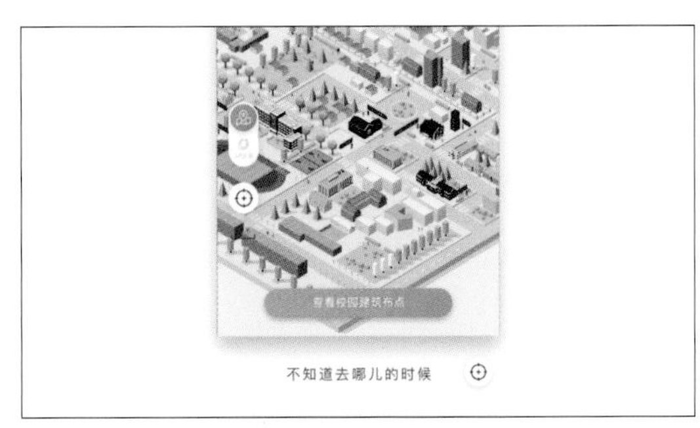
查看校园建筑布点
不知道去哪儿的时候

体验的设计
在与你接触的一瞬间

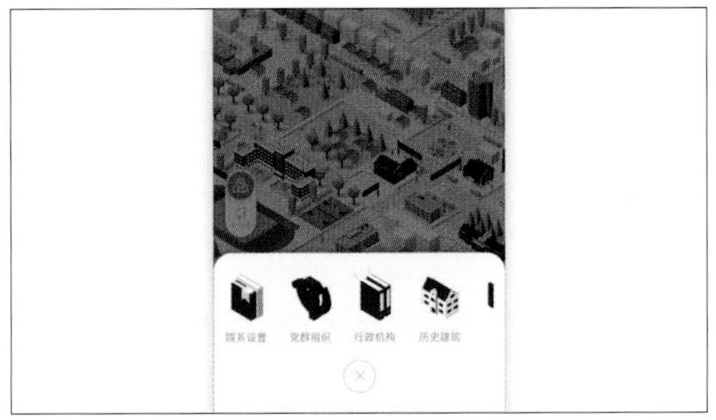
院系设置
党群组织
行政机构
历史建筑

就开始绽放

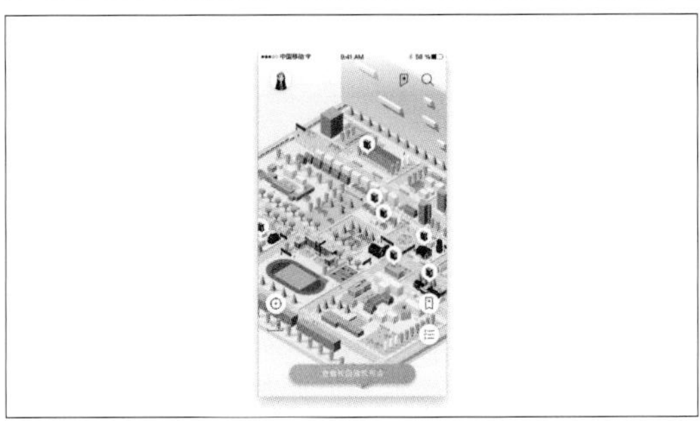

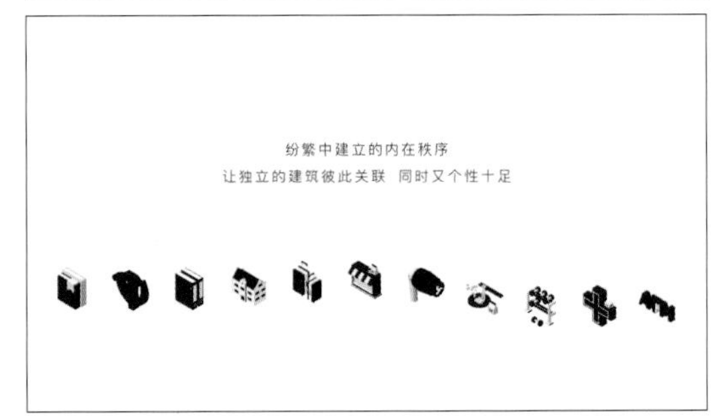
纷繁中建立的内在秩序
让独立的建筑彼此关联 同时又个性十足

学生登陆

图像转换为文字
让指尖的体验
更加舒展、自然
招生办公室
联系电话：021-55270799
研究生部（研究生工作部、学科建设办公室）
联系电话：021-55272623
思晏堂（校长办公室）
联系电话：021-55271143
基建处
联系电话：021-55271988
保卫处（保卫部、武装部合署）
联系电话：021-55273874

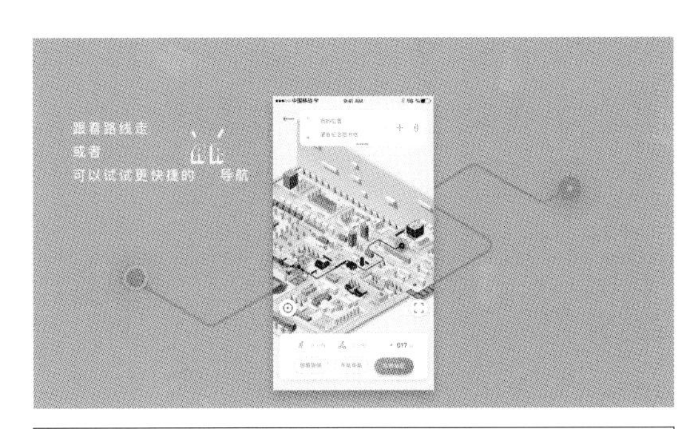
跟着路线走
或者
可以试试更快捷的
导航

●●●○○ 中国移动
9:41 AM
58 %
优秀历史建筑
大礼堂与思魏堂
University Auditorium & White Chapel

9:41 AM
58 %
打印成绩单
公共服务中心（教务处201室）

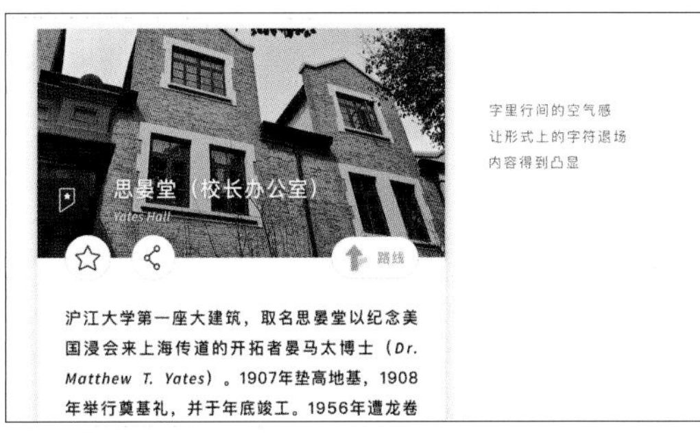
思晏堂（校长办公室）
Yates Hall
路线
沪江大学第一座大建筑，取名思晏堂以纪念美
国浸会来上海传道的开拓者晏马太博士（Dr.
Matthew T. Yates）。1907年垫高地基，1908
年举行奠基礼，并于年底竣工。1956年遭龙卷
字里行间的空气感
让形式上的字符退场
内容得到凸显

搜索的快捷与高效
来自对信息准确的坚持

搜索的快捷与高效
来自对信息准确的坚持

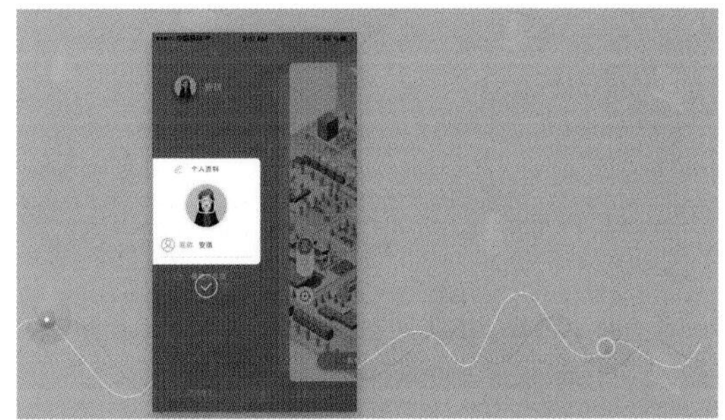

校园可漫步、建筑可阅读、文化可触摸
●●●○○ 中国移动
9:41 AM
58 %

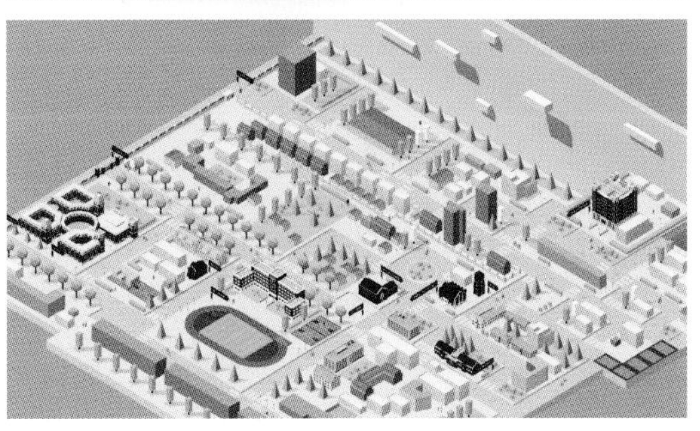

5. 月历

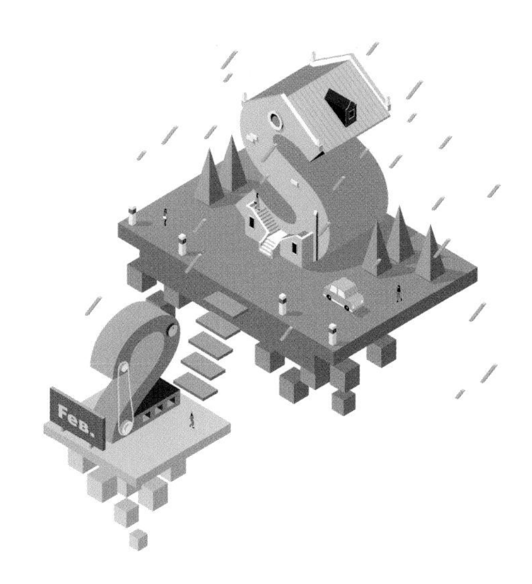

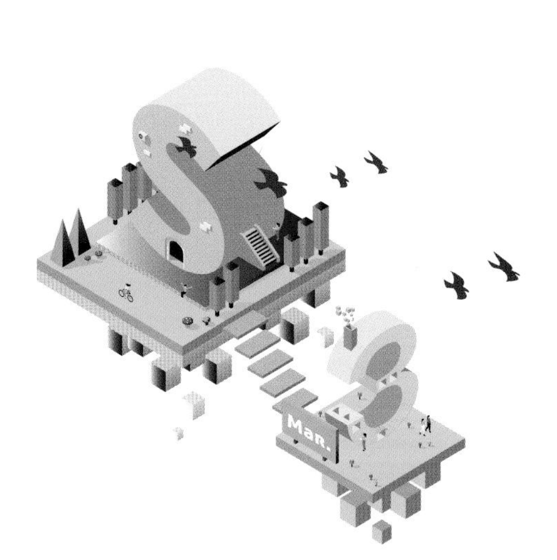

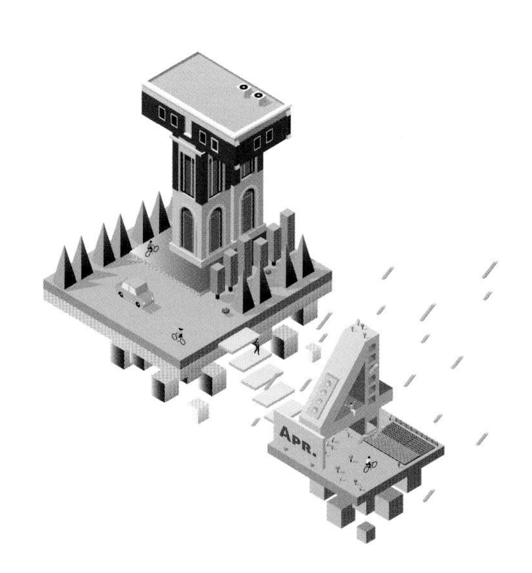

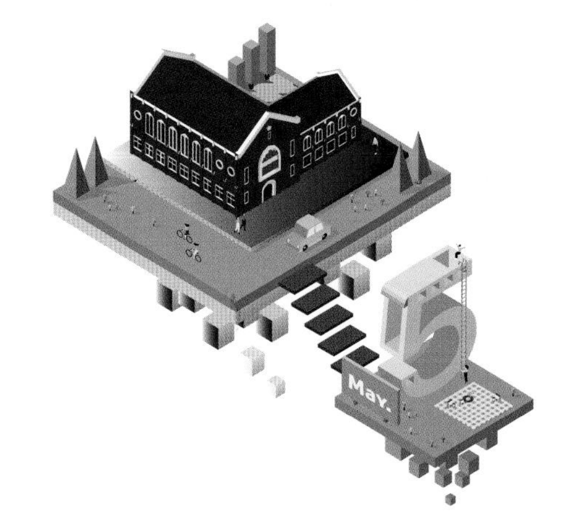

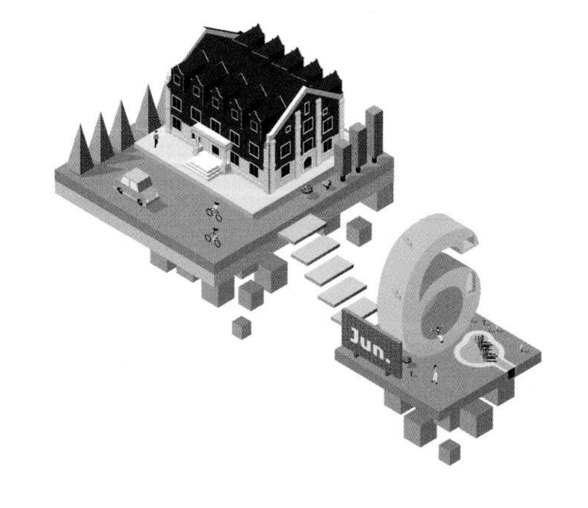

Jul.

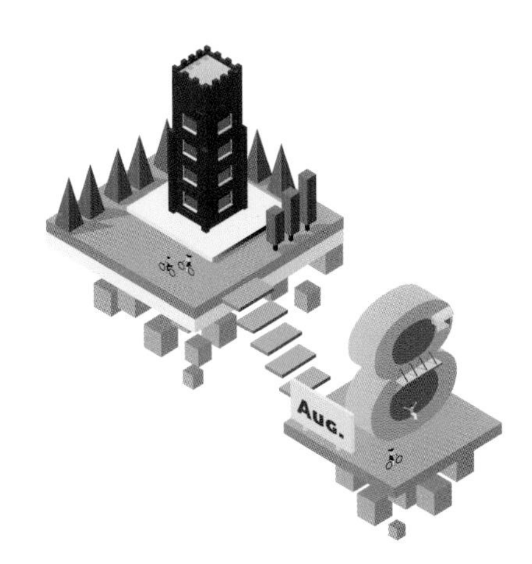
Aug.

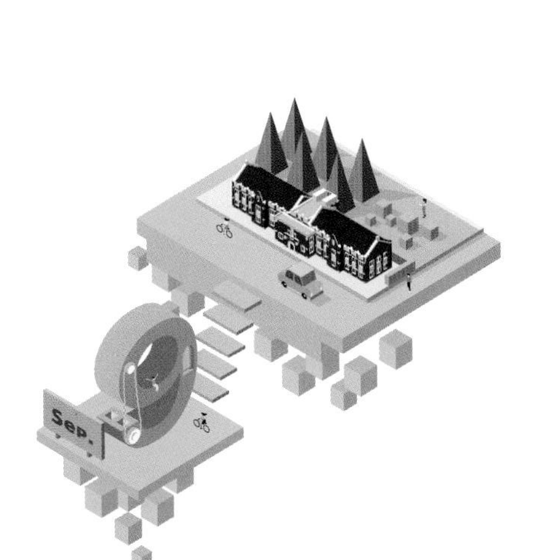
Sep.

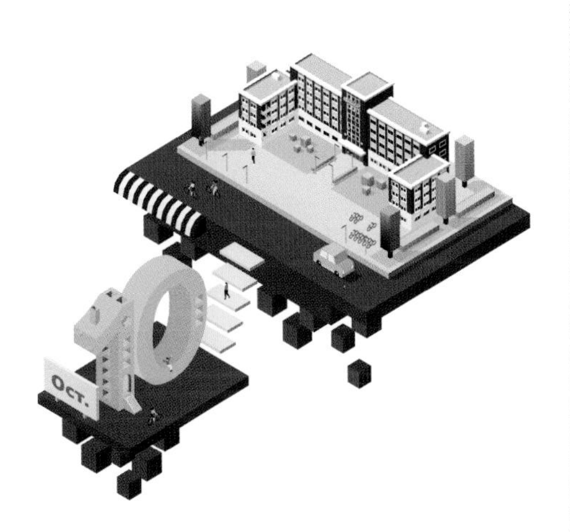
Oct.

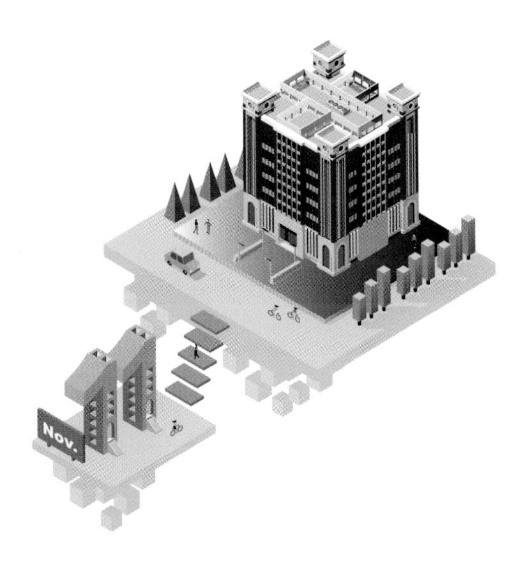
Nov.

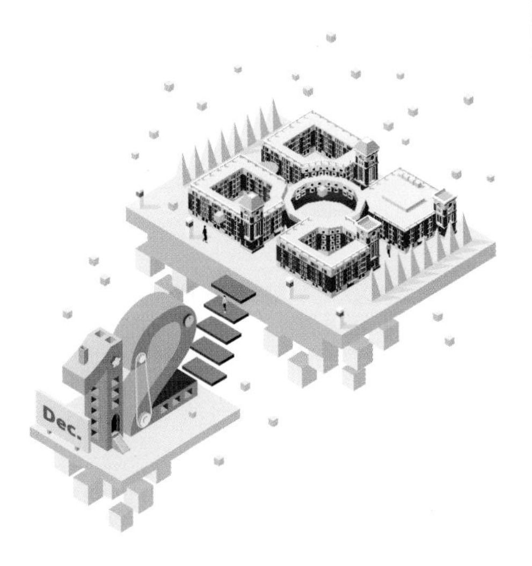
Dec.

6. 便签

7. 衍生产品

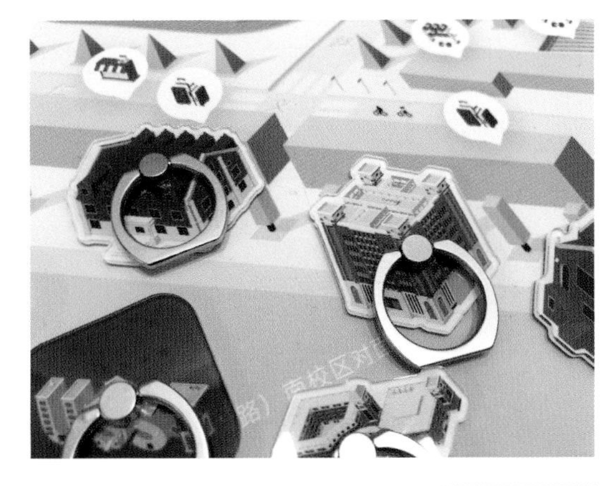

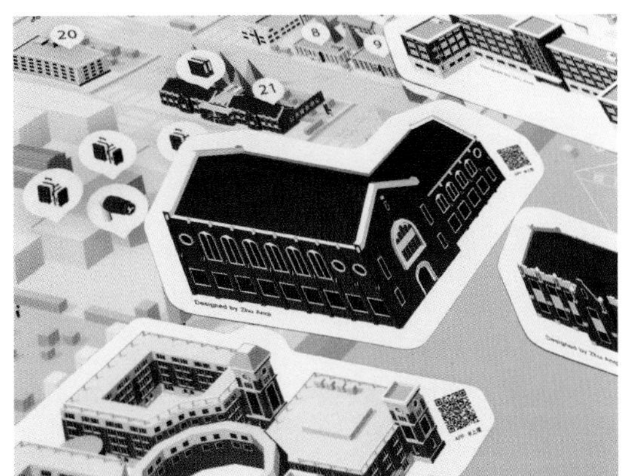

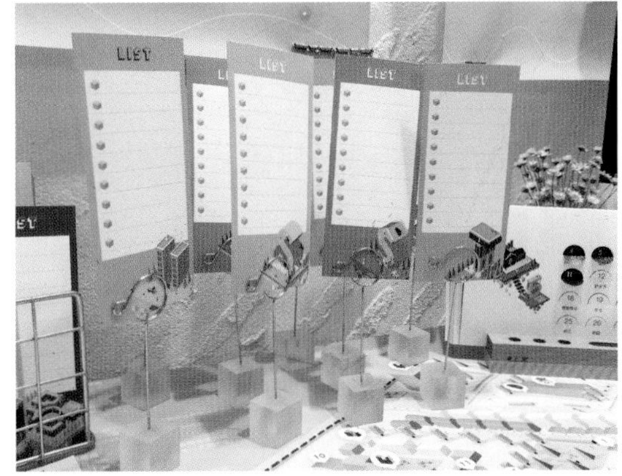

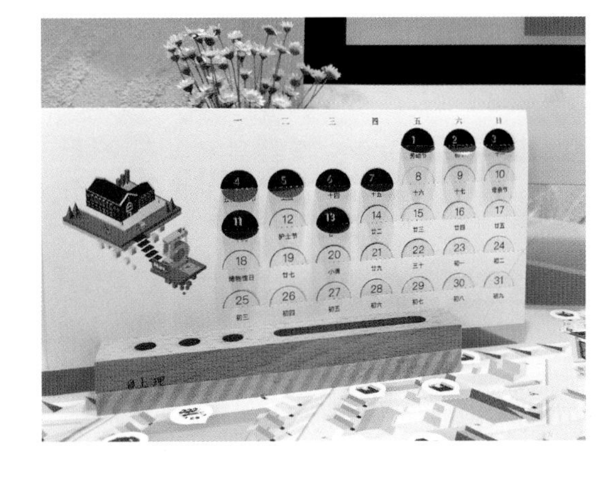

第二节　服务于残障人士的“温度”系列小程序

一、案例背景介绍

此案例为上海理工大学出版印刷与艺术设计学院视觉传达专业2018届本科毕业生王菲的毕业设计作品。

如今移动互联网与移动终端迅速发展，使用智能手机的残障群体也日益庞大，但能够帮助残障人士解决生活中遇到的诸多不便、针对残障人士设计的新媒体应用却寥寥无几。此案例作者认为我们日常生活中的设计缺乏同理心，未曾贴近过这些特殊群体的角度去思考与看待事情。她将基于微信小程序，运用新媒体交互体验的手段为不同残障群体提供生活便利，如解决听障者对于电话语音、色盲者对于颜色分辨、视力障碍者对于导航的需求等，使残障人士的生活更加便利。

微信小程序数量从 2018 年开始出现爆发式增长，用户使用微信小程序的频率大幅提高。究其原因主要有三点。第一是经济成本，我们开发一款 APP 需要十万甚至数十万人民币的开发成本，而开发一款小程序的成本门槛则相对低很多，往往只需数千至数万人民币就能完成；第二是小程序不需要下载，不侵占手机内存，只需要在使用时通过微信打开即可，方便快捷；最重要的第三点则是用户数量，小程序仰仗着微信的庞大使用人群，相较 APP 更容易积累用户量。

二、作品欣赏

王菲　《基于微信平台的残障人士系列微信小程序设计》（第四届“汇创青春”上海大学生文化创意作品展示活动三等奖）

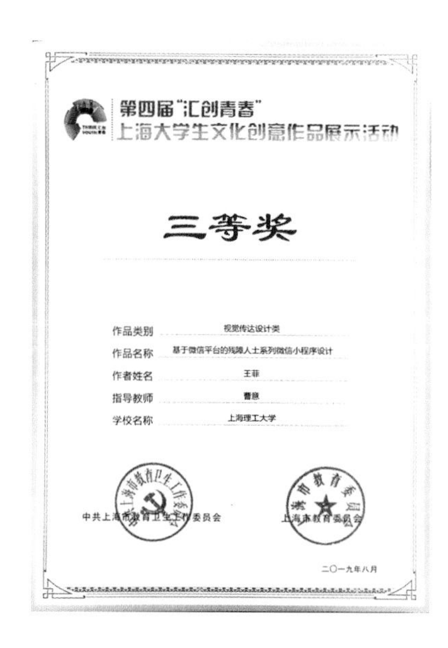

第四届“汇创青春”
上海大学生文化创意作品展示活动

三等奖

作品类别　视觉传达设计类
作品名称　基于微信平台的残障人士系列微信小程序设计
作者姓名　王菲
指导教师　曹慈
学校名称　上海理工大学

中共上海市教育卫生工作委员会　　上海市教育委员会

二〇一九年八月

1. 主视觉

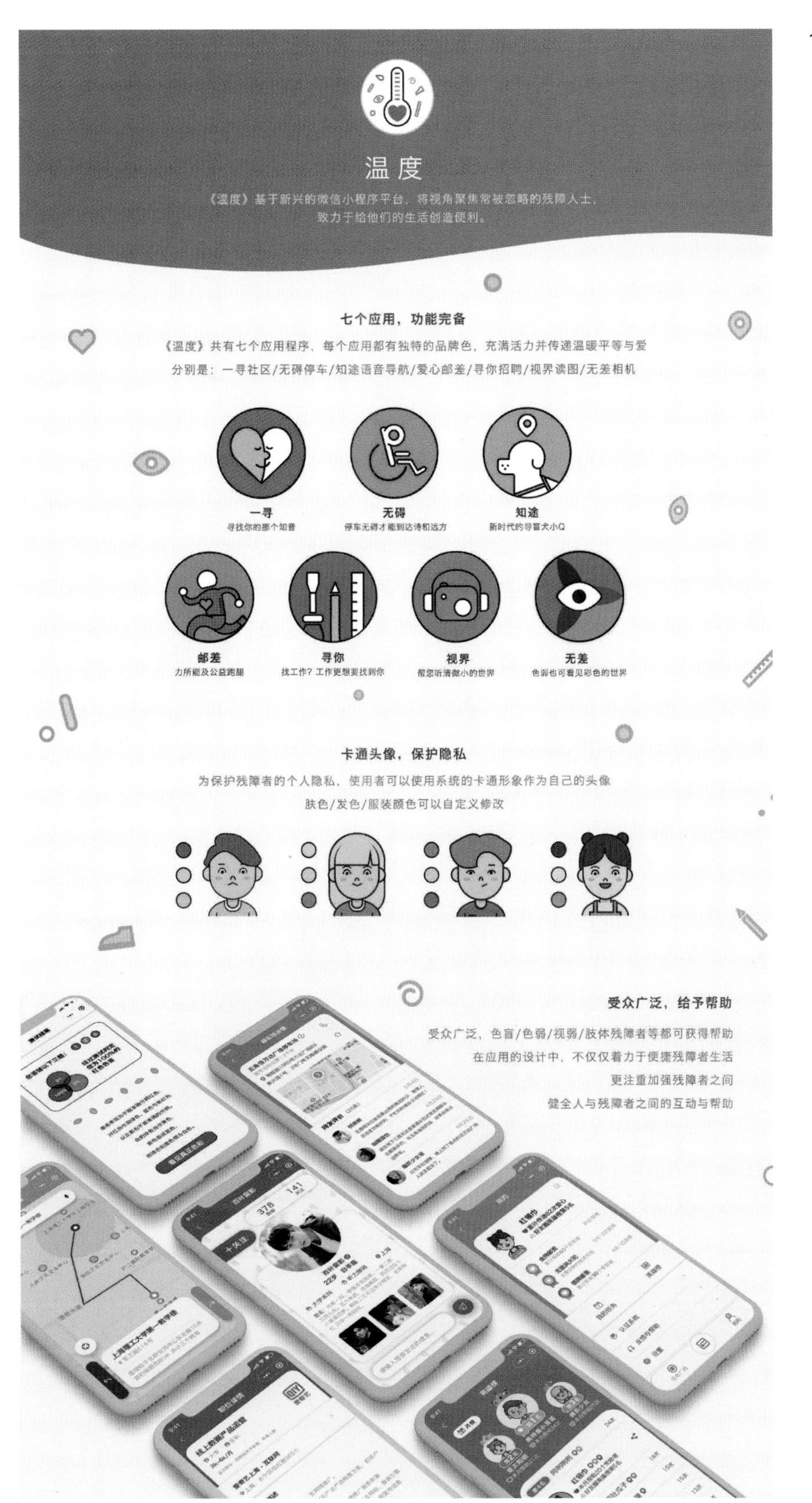

温度
《温度》基于新兴的微信小程序平台，将视角聚焦常被忽略的残障人士，
致力于给他们的生活创造便利。
七个应用，功能完备
《温度》共有七个应用程序，每个应用都有独特的品牌色，充满活力并传递温暖平等与爱
分别是：一寻社区/无碍停车/知途语音导航/爱心邮差/寻你招聘/视界读图/无差相机
一寻
寻找你的那个知音
无碍
停车无碍才能到达诗和远方
知途
新时代的导盲犬小Q
邮差
力所能及公益跑腿
寻你
找工作？工作更想要找到你
视界
帮您听清微小的世界
无差
色弱也可看见彩色的世界
卡通头像，保护隐私
为保护残障者的个人隐私，使用者可以使用系统的卡通形象作为自己的头像
肤色/发色/服装颜色可以自定义修改
受众广泛，给予帮助
受众广泛，色盲/色弱/视弱/肢体残障者等都可获得帮助
在应用的设计中，不仅仅着力于便捷残障者生活
更注重加强残障者之间
健全人与残障者之间的互动与帮助

2. “无碍停车”功能展示

肢体残障人士在驾驶残疾人专用车辆出行时，残疾人专用停车位是必须要考虑的关键因素，但一般地图导航并未为他们明确标注出无障碍停车位的所在地，导致他们的出行变得十分不便。“无碍停车”可以帮助残障人士解决以上问题，使用户出行无碍无忧。

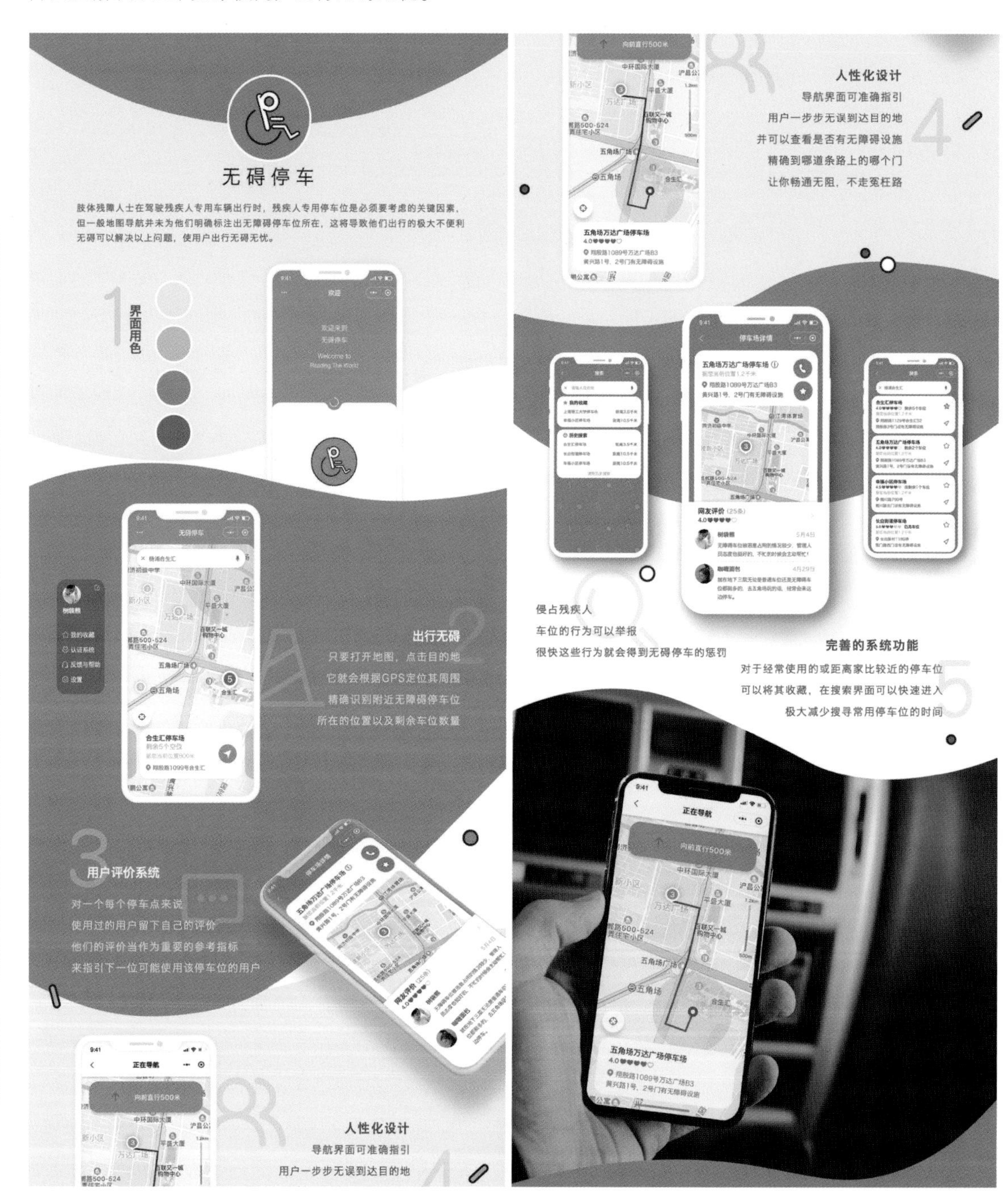

3. “爱心邮差”功能展示

“爱心邮差”搭建了一个爱心接力平台，可以让爱心志愿者利用慢跑或者散步的时间，化身为力所能及的邮差快递员，为附近行动不便的残疾人提供快捷便利的快递服务，力求打造出一个连接爱心人士与残障人士的公益平台。

4. “视界读图”功能展示

视力障碍用户在阅读小字或在各类特殊阅读环境下会出现阅读障碍等问题。他们可以通过“视界读图”平台，从世界各地寻求爱心人士的在线帮助，邀请他们通过视频连线或语音聊天来解决阅读问题。

5. “一寻社区”功能展示

残障人士的交友范围相对较为局限，“一寻社区”正是这样一个为他们提供便利社交的专业平台。这个平台可以满足残障人士与普通人正常沟通的心理需求，让他们可以自信地展现自我，找到朋友、知己、恋人，等等，发现生活中的乐趣与幸福。

6. “无差相机”功能展示

色盲色弱用户对照片色彩的真实度没有认知，甚至很多人通常并没有意识到自己的色盲症状，普通的摄影应用程序也忽略了此类人群的需求。“无差相机”将通过程序中的摄影滤镜，帮助色盲色弱用户看到世界的真实色彩。

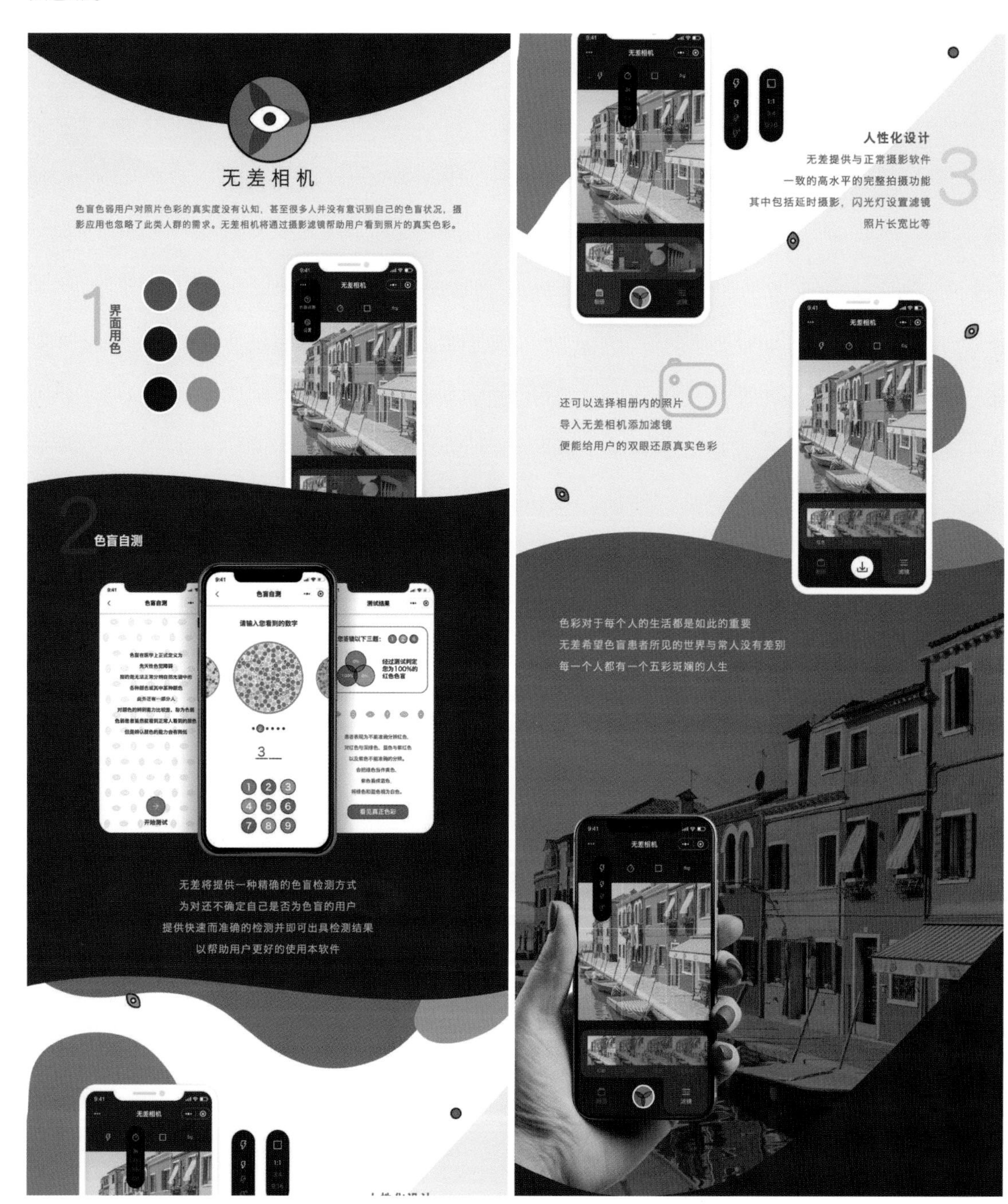

7. “寻你招聘”功能展示

“授人以鱼不如授人以渔”，“寻你招聘”是一个专为残障人士提供招聘信息的高效平台，帮助残障用户寻求到最适合他们的工作。

8. “知途导航”功能展示

视力障碍人士的出行问题向来都是他们独立生活的难题，随着导航技术的不断发展，“知途导航”将为视力障碍用户提供一种全新的导航方式——语音交互导航。

9. 宣传片

温度系列
基于微信小程序
APP应用设计
欢迎来到温度 改写残疾人生活方式

爱心邮差
爱心邮差搭建了一个平台
可以让爱心志愿者利用慢跑或者散步的时间
化身为邮差力所能及地为附近行动不便的残疾人制造便利
打造一个连接爱心人士与残疾人的公益平台。

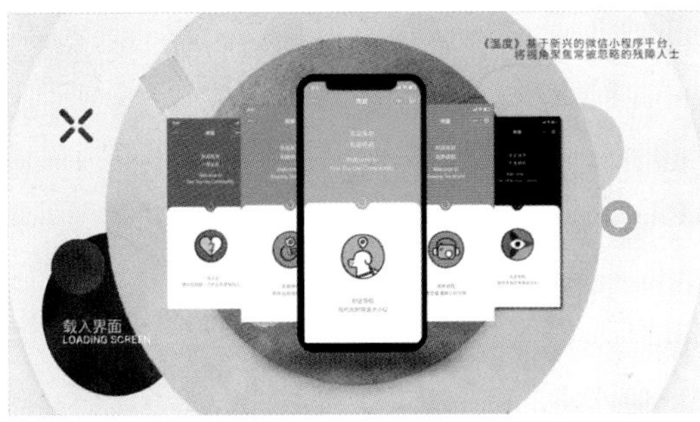

《温度》基于新兴的微信小程序平台，
将视角聚焦常被忽略的残障人士
载入界面
LOADING SCREEN

寻你招聘
授人以鱼不如授人以渔
寻你为残疾人提供了
一个正规且高效的平台
为残疾用户寻求适合他们的工作
请选择您感兴趣的职业
服务业
IT|通信|电子
消费品|生产|物流
管理|人力

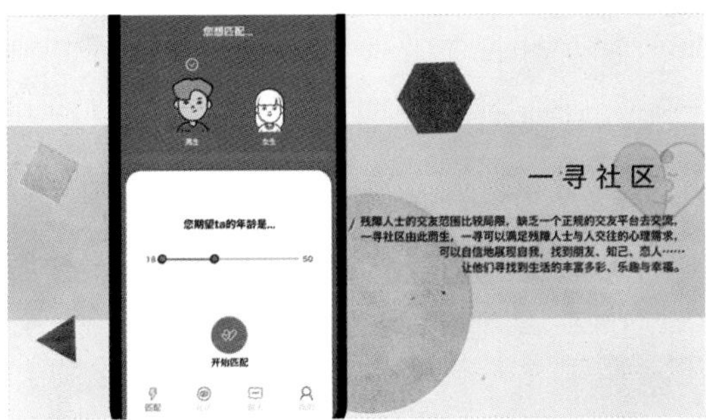

您想匹配...
男生
女生
您期望ta的年龄是...
开始匹配
一寻社区
残障人士的交友范围比较局限，缺乏一个正规的交友平台去交流，
一寻社区由此而生。一寻可以满足残障人士与人交往的心理需求，
可以自信地展现自我，找到朋友、知己、恋人……
让他们寻找到生活的丰富多彩、乐趣与幸福。

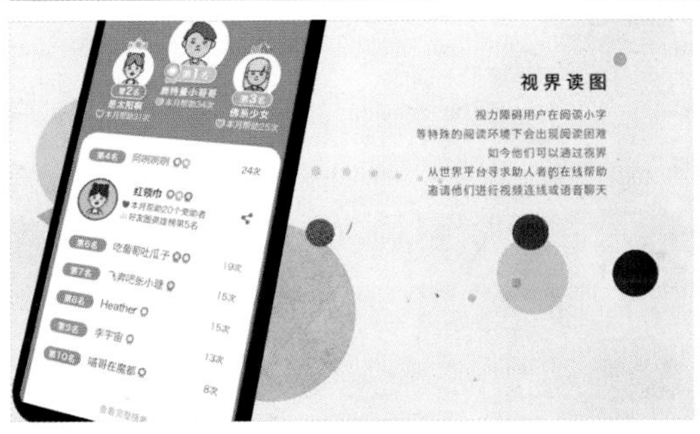

视界读图
视力障碍用户在阅读小字
等特殊的阅读环境下会出现阅读困难
如今他们可以通过视界
从世界平台寻求助人者的在线帮助
邀请他们进行视频连线或语音聊天

展现自我 活力交友
在一寻，不需要背负任何的标签
做自己、抒发自己想说的观点
展现自信与魅力
可以畅所欲言
找到朋友、知己、恋人……
+关注
378
141

无差相机
色盲色弱用户对照片色彩的真实度没有认知
甚至很多人并没有意识到自己的色盲状况
摄影应用也忽略了此类人群的需求
无差相机将通过摄影滤镜帮助用户看到照片的真实色彩

无碍停车
肢体残障人士在驾驶残疾人专用车辆出行时
残疾人专用停车位是必要考虑的重要因素，
一般地图导航并未为他们明确标注出无障碍停车位所在
无碍可以解决以上问题，使用户出行无碍无忧。

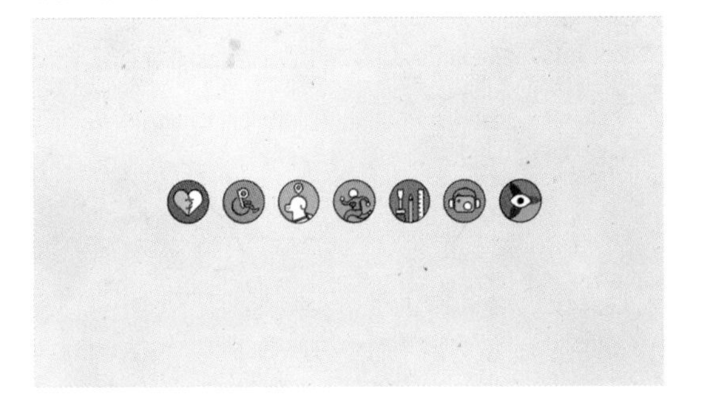

第三节 “L-G-T”兴趣匹配社交平台

一、案例背景介绍

此案例为上海理工大学出版印刷与艺术设计学院视觉传达专业2017届本科毕业生周元的毕业设计作品。

随着信息技术的飞速发展，纸质信息媒介正逐渐被以移动设备为载体的信息平台所取代，这样的信息平台正不断成为年轻人的日常使用工具。此案例作者认为在当下这个手机 APP 需求量不断提升的时代里，年轻人更加依赖于通过智能手机等电子产品来进行社交与获取信息。因此，设计一款界面视觉表现良好，具备较强亲和力，能够为志同道合的年轻人提供兴趣匹配信息，让他们能在有着相同兴趣的朋友圈里找到存在感与归属感的 APP 将会得到青年人的认可。

为了适应当下年轻人的社交习惯，“L-G-T”APP 通过线上与线下相结合的互动方式，让有想法有脑洞的年轻人自由发起活动、项目、实验、计划等，满足他们渴望寻找志趣相投、价值观相近、态度一致的好友的需求。让有趣的灵魂在“L-G-T”中相遇，好玩是“L-G-T”的最高准则。

二、作品欣赏

周元 《兴趣社交媒体的交互式体验 APP 设计说明》（第三届“汇创青春”上海大学生文化创意作品三等奖）

第三届“汇创青春”
上海大学生文化创意作品

三等奖

作品类别 视觉传达设计类
作品名称 兴趣社交媒体的交互式体验 APP 设计说明
作者姓名 周元
指导教师 曹意
学校名称 上海理工大学

中共上海市教育卫生工作委员会　　上海市教育委员会

二〇一八年七月

1. 主视觉

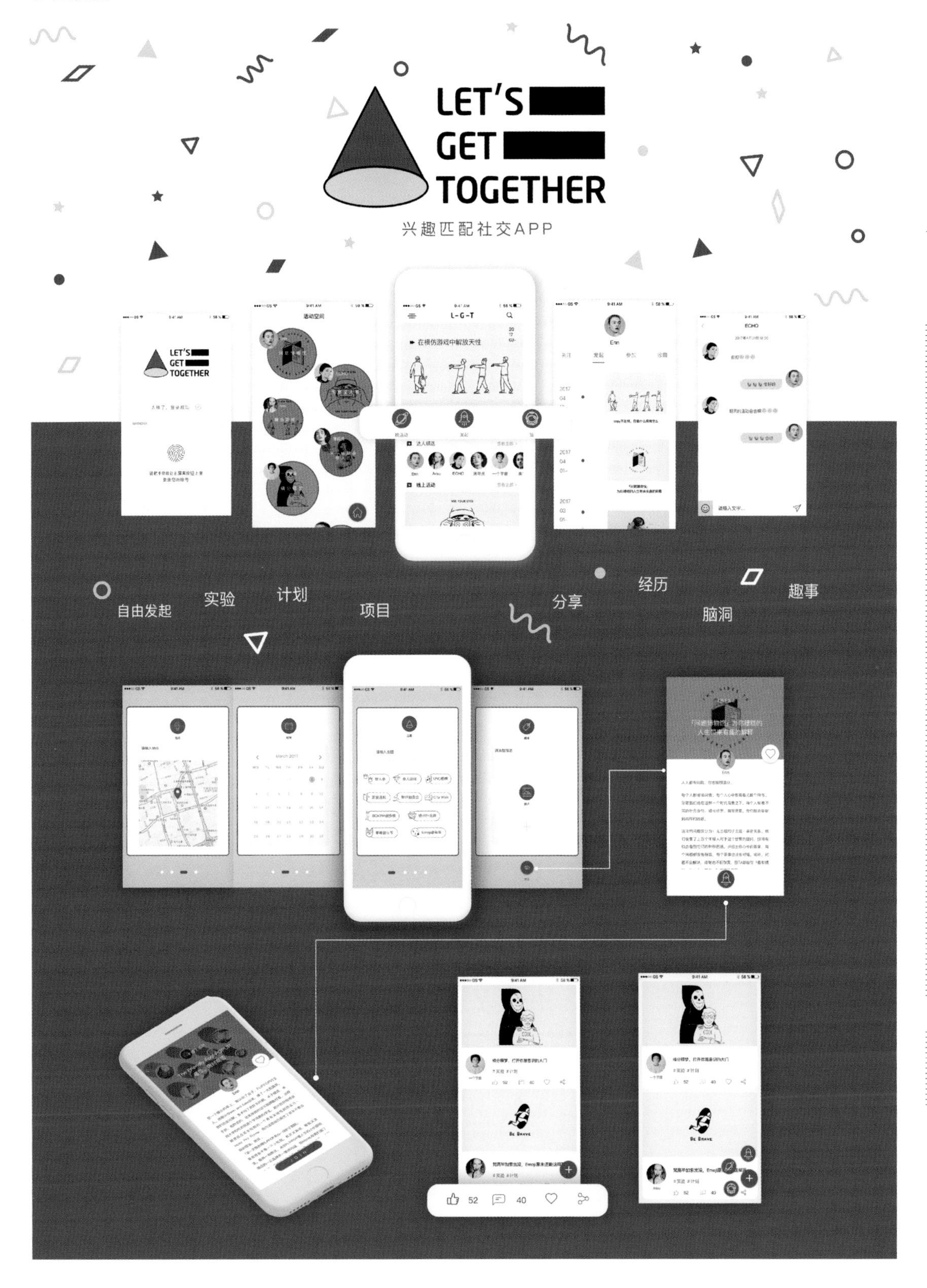

LET'S
GET
TOGETHER
兴趣匹配社交APP
L-G-T
在模仿游戏中解放天性
自由发起
实验
计划
项目
分享
经历
脑洞
趣事
52
40

2.功能图标

LET'S
GET
TOGETHER

MAIN ICON
找活动
发起
我

TAG ICON

WIREFRAME
界面流程草图展示

3.游戏券

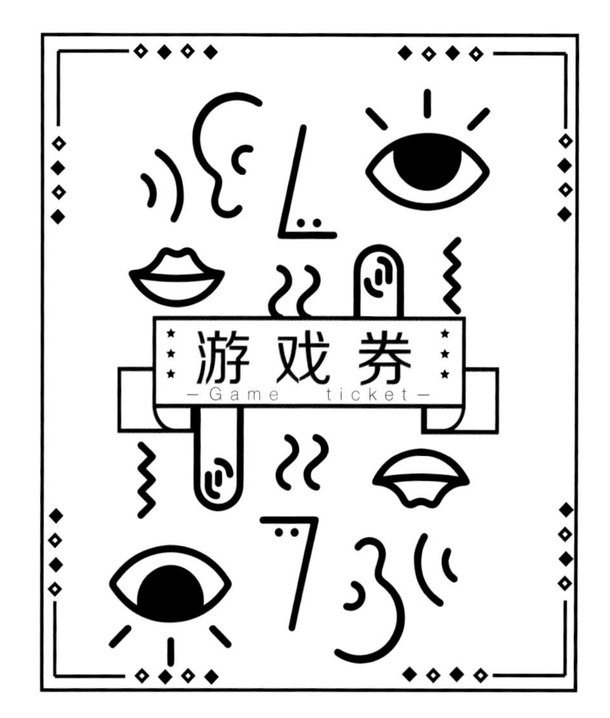
游戏券
—Game ticket—

4.宣传海报—— 无意义大赛

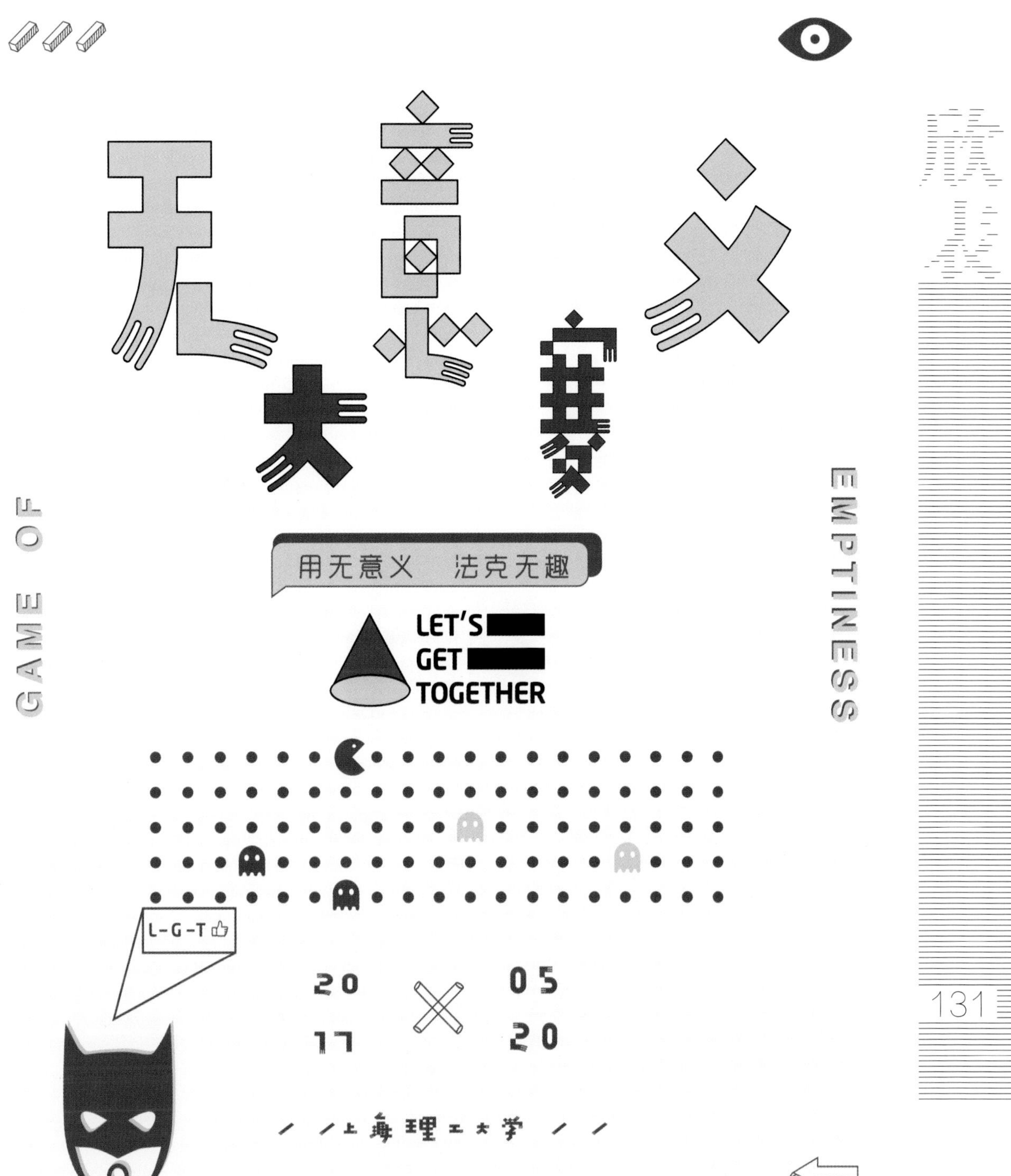

无意义大赛
用无意义 法克无趣
LET'S
GET
TOGETHER
GAME OF
EMPTINESS
L-G-T
20
17
05
20
上海理工大学

5.宣传海报——问题博物馆

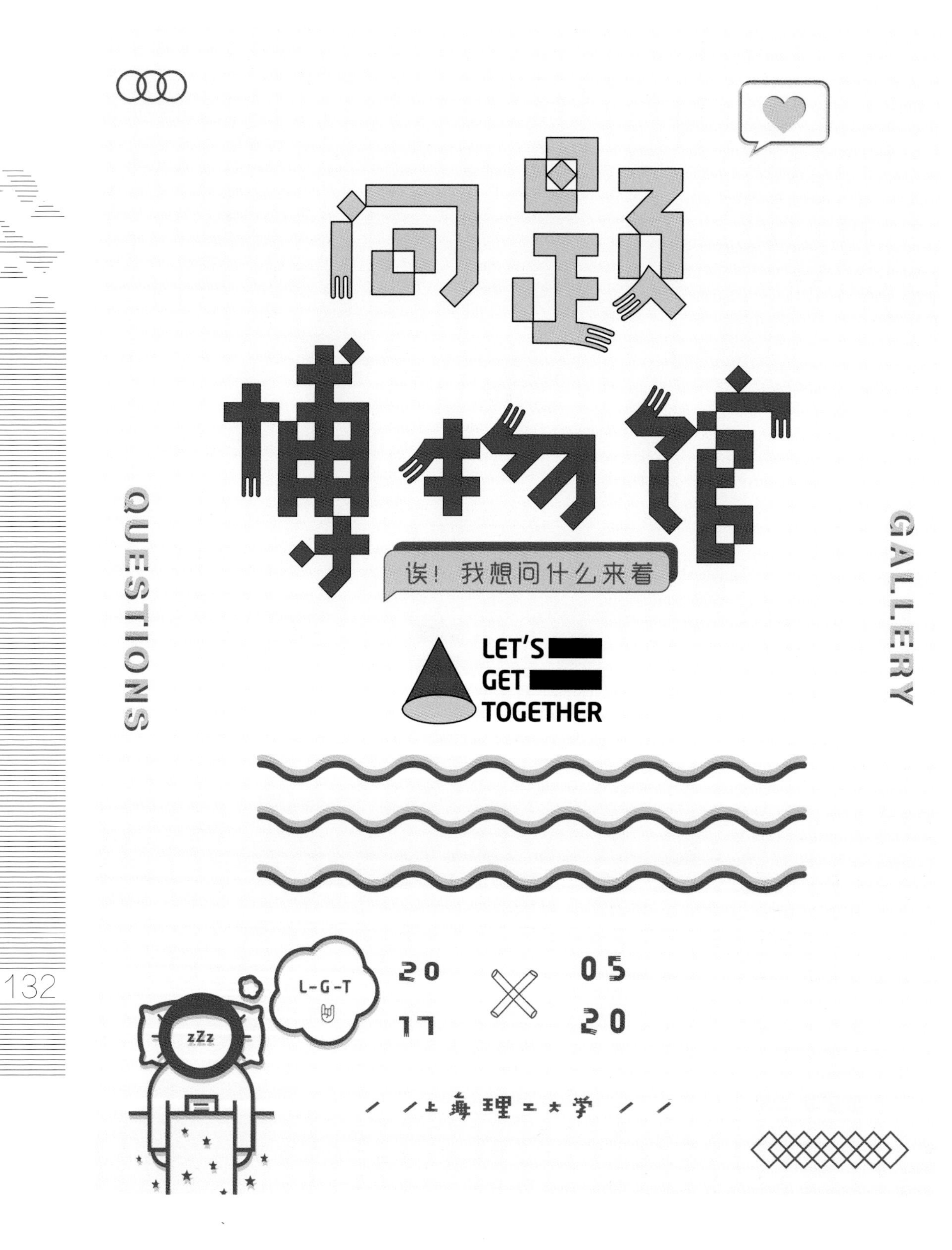
问题
博物馆
诶！我想问什么来着
QUESTIONS
GALLERY
LET'S
GET
TOGETHER
L-G-T
zZz
20
17
05
20
上海理工大学

6. 宣传片

LET'S
GET
TOGETHER
兴趣匹配社交APP

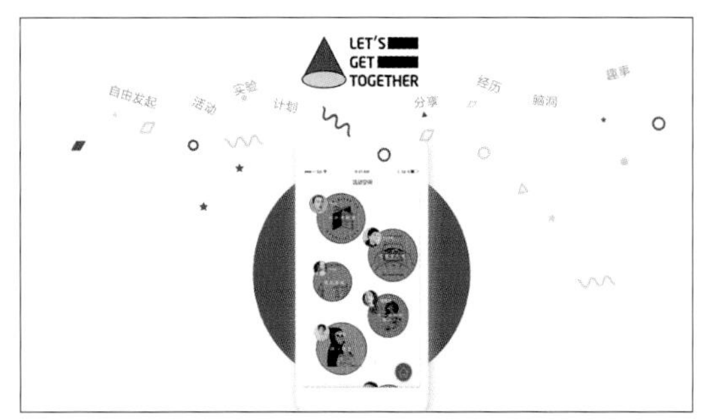
LET'S
GET
TOGETHER
自由发起
活动
计划
分享
趣事

指纹登录
Fingerprint Login
LET'S
GET
TOGETHER

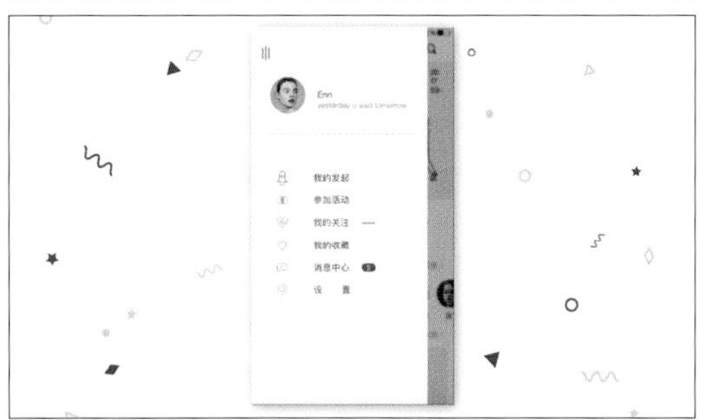

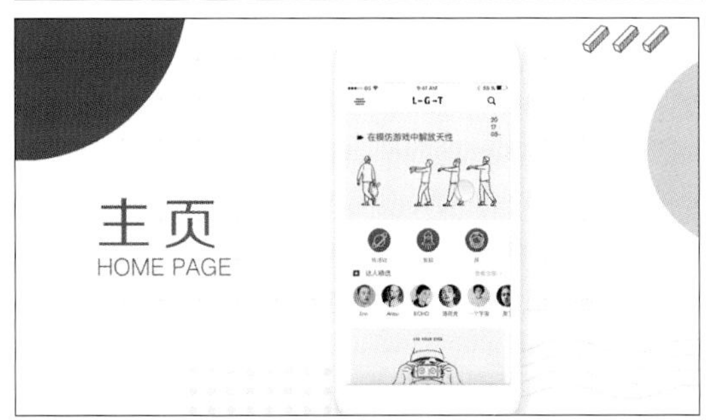
主页
HOME PAGE
L-G-T

ECHO

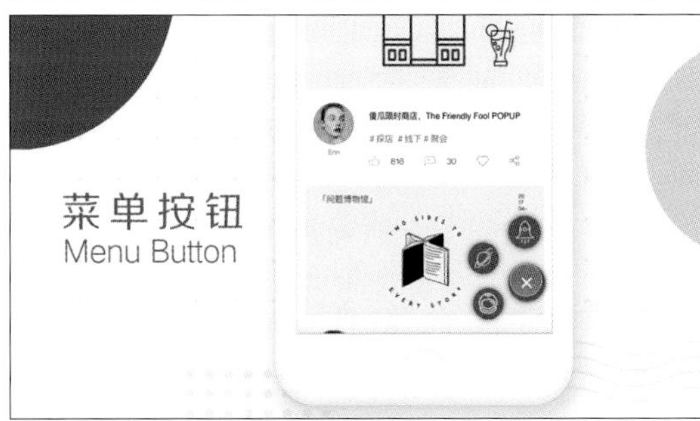
菜单按钮
Menu Button

天真和美好之物宠溺，就当你决定来蹿店快闪店的那一时。
4月2–4月3日 全天
上午10:00——下午18:00
上海市静安区，新丰路361号
TA们也参与了
JOIN

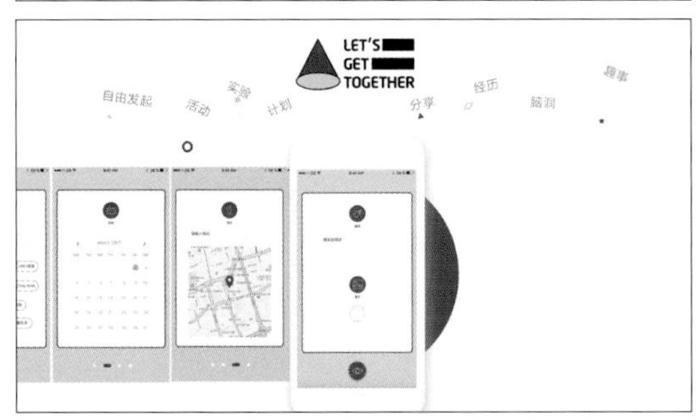
LET'S
GET
TOGETHER
自由发起
活动
计划
分享
趣事

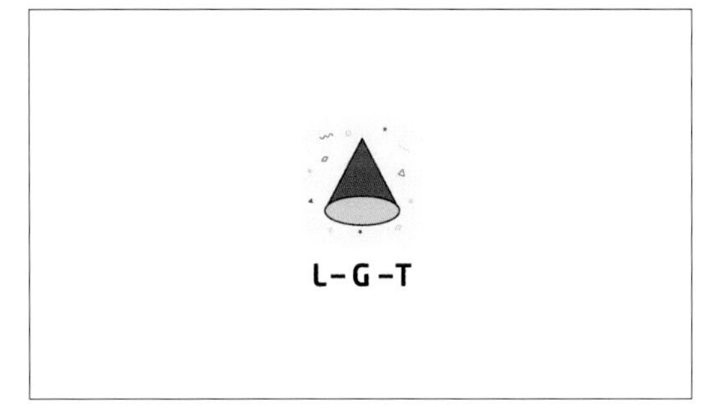
L-G-T

参考文献

1. 王铎编著.新印象：解构UI界面设计[M].人民邮电出版社，2019

2. 陈根编著.UI设计入门一本就够[M].化学工业出版社，2018

3. 李晓斌编著.UI设计必修课：交互+架构+视觉UE设计教程[M].电子工业出版社，2017

4. 刘立伟，袁德尊，许甲子主编.新媒体艺术设计：数字·视觉·互联[M].化学工业出版社，2016

5. 林富荣著.APP交互设计全流程图解[M].人民邮电出版社，2018

6. 韦艳丽著.新媒体交互艺术[M].化学工业出版社，2018

7. [英]迈克尔·萨蒙德，加文·安布罗斯著.国际交互设计基础教程[M].中国青年出版社，2013

8. [英]崔西亚·奥斯丁，理查德·杜斯特著.新媒体设计概论[M].上海人民美术出版社，2012

9. [美]拉杰·拉尔编著.UI设计黄金法则：触动人心的100种用户界面[M].中国青年出版社，2014

10. [德]Marc Stickdorn，Jakob Schneider著.这就是服务设计思考：基础概念-工具-实际案例[M].中国生产力中心，2013

11. [美]Jon Kolko著.交互设计沉思录：顶尖设计专家Jon Kolko的经验与心得[M].机械工业出版社，2012

12. [美]史蒂夫·克鲁格著.点石成金：访客至上的Web和移动可用性设计秘笈[M].机械工业出版社，2019

13. [美]Robin Williams著.写给大家看的设计书[M].人民邮电出版社，2016

14. [美]Susan Weinschenk著.设计师要懂心理学[M].人民邮电出版社，2013

15. 熊猫小生.实例剖析「尼尔森十大交互设计原则」在设计中的用法[EB/OL].(2019-5-17)[2020-01-10].https://www.ui.cn/detail/310332.html

后记

在这个科学技术迅猛发展的时代里，各类新型媒介设备不断涌现，设计内容与方式通常也是随着媒介形式的改变不断推陈出新。从兽骨到竹简，再到纸质媒介，一直到当下的各类新媒介，每一次的媒介技术革命都会引发设计行为的不断创新。

随着虚拟现实技术与5G技术的不断发展，相信在不久的将来，我们在本书中所讨论的新媒体界面设计也将不再是最主流的设计行为。技术的迭代更新速度已远远超乎我们的想象，各类新媒介形式所引发的设计问题也将不断向我们发起挑战。在这样的背景下，我们需要做到能够不断改善自身的思维方式以应对各类不同的设计问题，注重思考问题产生的本质原因并掌握从容应对的方法，进而不断提升解决问题的能力。这是一种运用合理的设计手段来解决设计问题的能力，具备这样的能力对设计从业者来说是十分重要的。本书的编写出版历时较长，可能在出版时书中的部分内容已经跟不上技术发展的速度，若有不尽如人意之处，望读者海涵。

在此，作者希望感谢上海理工大学出版印刷与艺术设计学院的各位领导与教师，感谢姜君臣老师、陶海峰老师、谢琼老师、孙屹老师、于君老师、梁龑佶老师等对本书的完成给予的高度支持。此外，还需感谢视觉传达设计专业众多学生为教材提供案例内容，感谢陈俊与张慧敏为协助编者完成整本教材的资料整理、图文编辑、版面编排、文案校对等工作所付出的努力，感谢陪伴作者一同成长的师长、家人与好友。